Horst Stern Sterns Bemerkungen über Hunde

Horst Stern

Sterns Bemerkungen über Hunde

verlegt bei Kindler

Redaktion: Werner Heilmann
Korrekturen: Margarete Maier
Umschlaggestaltung: H. Numberger
Reproduktionen: May & Co., Darmstadt
Druck- und Bindearbeiten: R. Oldenbourg, München
Printed in Germany
ISBN 3 463 00482 8

Inhalt

Einen Knochen zuvor

Am Anfang einer Buchreihe, die das Interessanteste und Wichtigste aus meinen Fernsehfilmen lesbar macht, ist es wohl erlaubt, über das Thema dieses ersten Buches hinaus ein paar Worte über meine Betrachtungsweise der Tiere zu sagen. Ich beantworte damit die älteste und häufigste Frage, die sowohl aus der journalistischen Kollegenschaft als auch aus dem Publikum an mich gerichtet wird. Indem ich mich dabei an Beispiele halte, die jedem Zeitungsleser und jedem Fernsehzuschauer geläufig sind, vermeide ich noch am ehesten die Mißverständnisse, denen in einer Zeit der (durch Fernsehen und Massenpresse geförderten) grotesk vermenschlichenden Tierbetrachtung jeder ausgesetzt ist, der es öffentlich wagt, einen Hund nur einen, nun ja, Hund zu nennen.

Seit die Presse es in die Welt setzte, daß Fernsehproduktionen wie Daktari, Fury, Lassie & Co mir »an die Nieren« gingen, reißen die vorwurfsvollen Fragen nicht ab, was, um des Himmels willen, man als guter Mensch denn haben könne gegen humane Harmlosigkeiten, die »das Herz der Menschen für die Tiere öffnen«.

Ich halte das Herz für einen nur sehr bedingt tauglichen Zugang zu den Tieren – für einen untauglichen sogar, wenn das Gehirn dabei aus dem Spiel bleibt, wie nicht selten in unserer tierfreundlichen Gesellschaft, die einer Umfrage zufolge in ihrer ganz überwiegenden Mehrheit das Prügeln von Hunden für verwerflicher hält als das Ohrfeigen von Ehefrauen.

Die deutsche Presse war voll von den Scheußlichkeiten italienischer Vogelfänger. Eines besseren Gesanges wegen machten sie, so erfuhr man, die von ihnen gefangenen Singvögel blind, bevor sie sie nach Deutschland verkauften.

Niemand, der das las, konnte sich einem Gefühl der gerechten Empörung entziehen. Ich vermißte in allen diesen Veröffentlichungen jedoch wenigstens einen Hinweis auf eine Ursache solcher Grausamkeiten: eine Tierliebe, die den stark kommerziell getönten Gedanken »Natur im Heim« gedankenlos verwirklicht. Denn säßen bei uns nicht Tausende von Menschen verzückten Gesichts vor ihren gekäfigten Singvögeln und deren Je-länger-je-lieber-Liedern, dann würden die Italiener (und andere) nicht Zehntausende dieser Sänger der Natur entnehmen und durch blindmachende Dunkelhaltung denaturieren – wie *wir* die zart- und weißfleischigen Kälber übrigens auch. Doch Kälber haben keine Lieder.

Was schlimmer ist: 60 bis 70 Prozent der Fänge gehen schon durch Verletzungen, Transportschäden und Eingewöhnungsschwierigkeiten drauf. Es ist nicht nur die chemotechnisch verseuchte Umwelt, es sind auch die Herz-Damen und Herz-Buben unter den Tierfreunden, die ein gerütteltes Maß Schuld an der Verarmung der Natur haben. In jedem Frühjahr werden Laubfrösche insbesondere den norditalienischen Flußlandschaften entnommen, um als Wetterfrösche in die Heime zivilisierter Menschen verkauft zu werden, deren Herz arglos für die Tiere schlägt. Zentnerweise kommen die kleinen Lurche dabei um, die mit ihrem breiten Babygesicht und ihren zartgliedrigen Händchen so recht ins Lorenz'sche »Kindchenschema« der Menschen passen.

Die überlebenden Frösche sind zu wenig anderem nütze, als vielen Leuten die unausrottbare Dummheit vor Augen zu führen, die glaubt, daß der Laubfrosch im Einmachglas die alberne Leiter besteige, weil er ein übernatürlicher Wetterprophet sei, während er in Wahrheit, wie sein Name ja schon sagt, als zeitweilig baumbewohnendes Tier das Klettern als Teil seiner natürlichen Verhaltensweise betreibt.
Eingeweihte schätzen, daß von 100 000 Zierfischen, die in Gefangenschaft nur schwer oder gar nicht zu züchten sind und deshalb von oft primitiven Eingeborenen der tropischen Natur gestohlen werden, allenfalls 10 000 die Verkaufsaquarien der europäischen Händler lebend erreichen. Ich sah auch Transportbehälter mit Schmuckschildkröten, denen beim Öffnen ein infernalischer Gestank entwich: die toten Stücke überwogen die lebenden bei weitem.
Um 10 000 Papageien lebend in die Volieren nordamerikanischer Tierfreunde liefern zu können, muß der Handel eine halbe Million dieser Tiere im Amazonasbecken fangen lassen. 490 000 tote Papageien, pro Jahr, sind ein zu hoher Preis für angewandte Liebe, die diese Tierhalter oft unter ihresgleichen nicht mehr finden oder, häufiger, nicht einmal mehr suchen.
Was den kleinen Tierfreunden, die bei uns pro Jahr 1,5 Milliarden Mark für ihre Tiere ausgeben, recht ist, kommt den großen desgleichen nicht billig und liegt auf der gleichen homozentrischen Linie: Auch die Zoos der Welt — in ihrer stets bestrittenen, doch nur zu oft vorhandenen Renommiersucht, auch das seltenste, schwierigste Tier vorweisen zu können — entnahmen unter dem moralischen Mäntelchen des Zuchtgedankens so lange den empfindlichen Orang Utan dem asiatischen Dschungel, bis diese großen Menschenaffen in freier Wildbahn selten wurden. In *Grzimeks Tierleben* nennt B. Harrisson erschreckende Einzelheiten und Zahlen. Heute, da wenigstens die wissenschaftlich geleiteten Zoos fünf Minuten vor zwölf auf Orang-Importe verzichteten, kauft man diese Tiere, wo noch möglich, den Händlern wieder ab und lockt sie mit Bananen mühsam in den Urwald zurück!
Man sieht schon an diesen wenigen, beliebig vermehrbaren Beispielen, daß das Herz allein kaum der richtige Weg zum Tier ist – ein bißchen Kopf sollte schon hinzukommen. Und damit bin ich wieder bei Daktari, Lassie & Co.
Der anthropomorphe Schmus, die sentimentale Vermenschlichung der Tiere in diesen Sendungen stellt alles in den Schatten, was die vielen Saubermann-Familien des Fernsehens an *homo-sapiens*-Verhaltenskitsch zu bieten haben. Doch während das Publikum — in eigenen häuslichen Auseinandersetzungen bestens geschult — für diese Familiensendungen realistische Maßstäbe zur Hand hat und die TV-Verhaltensmuster als Scheinwelt zu erkennen vermag, halten Millionen Zuschauer den Colliehund *Lassie,* wenn er mal wieder das Baby der Frau Nachbarin vor dem Tod des Ertrinkens gerettet hat, für den besten aller Menschen.
Sie sind da ganz sicher. Nicht nur logisches Denkvermögen, nein, auch Nächstenliebe, die sich auf den Menschen ganz allgemein richtet, haben diese guten Hunde! In Wahrheit unterscheidet sich das Wertgefühl eines Hundes, der das Apportieren gelernt hat, bei einem ins Wasser gefallenen fremden Kind hauptsächlich im Gewicht von einer aus dem Himmel geschossenen Ente; beide klat-

2

3

Rangkämpfe innerhalb eines Wolfsrudels haben sich weitgehend zu Ritualen reduziert. Der Ranghohe umfaßt den Fang des Rangniederen im symbolischen Biß von oben. Der Rangniedere kann dem Ranghohen die Anerkenntnis seiner Unterlegenheit durch ein solches Überbeißen von unten signalisieren. Nach Zimen ist jedoch nicht richtig, was seit Jahren in allen Hundebüchern zu lesen ist: daß nämlich nach einer ernsthaften Auseinandersetzung zwischen zwei Hunden der Unterlegene dem Sieger die ungeschützte Kehle darbietet und dadurch in ihm eine Beißhemmung auslöst, die die Art vor Selbstzerfleischung bewahrt. Vielmehr, sagt Zimen, biete der Sieger dem Unterlegenen die Kehle dar. Boxfreunde werden an Cassius Clay erinnert, der ja auch in seinen besten Tagen mit demonstrativ herabgenommener Deckung vor den Fäusten seiner Gegner zu paradieren liebte. Das Niederwerfen als Zeichen der Unterlegenheit kennt jeder Hundehalter. Nicht selten verstärken die Hunde diese Demutsgebärde, indem sie mit dem Fang von unten Hand oder Handgelenk ihres Herrn zu umfassen suchen. Sie nehmen diese Extremität in Abwesenheit eines Fangs beim Menschen als Ersatz.

Die auch bei Großkatzen im Zirkus zu beobachtende körperliche Unterwerfung macht es Zimen, dem Oberwolf seines Rudels, überhaupt erst möglich, die jungen Tiere frei laufen zu lassen: rennt er aggressiv auf sie zu, werfen sie sich nieder (Bild 2) und lassen sich wieder an die Kette nehmen. Auch stimmen sie leicht in sein Heulen ein (Bild 3).

An dieser Auseinandersetzung zwischen zwei Dorfhunden ist das von den wölfischen Ahnen geerbte Kampfritual der Caniden ablesbar. Der Rangniedere muckte auf, unterwarf sich aber in Demut, als der Ranghohe sich anschickte, Ernst zu machen, was an seinem Gesicht deutlich erkennbar ist. Dennoch geht der Sieger dem Besiegten nicht an die Kehle, sondern versucht, seinen Rang durch ein rituelles Überbeißen des gegnerischen Fangs von oben zu demonstrieren, während der Unterlegene dasselbe zum Zeichen der Anerkennung und Befriedung von unten versucht. Gleich danach werden sie sich trennen. Die soziale Situation ist geklärt.

schen sie hör- und sehbar für den Hund aufs Wasser auf und lösen damit in ihm dressurzwanghaft die Bewegungsmechanismen des Apportierens aus.
Damit er die Ente, sprich das Baby, während er es »rettet«, mit dem Wolfsgebiß beim Nachfassen nicht blutig knautscht, brachte man dem Film-Hund zuvor die dafür nötige Zartheit des Zupackens bei, indem man ihn einen bleibeschwerten, mit Menschenwitterung durchtränkten hölzernen Apportierblock im Maul herumschleppen ließ, der mit Stacheldraht umwickelt ist. Der kluge Hund lernt: Was nach Mensch duftet, das beißt sofort eklig zurück, wenn du es hart anpackst.
All dies schließt nicht aus, daß das Sozialwesen Hund im menschlichen Familienverband zu erstaunlich menschenähnlichen Handlungen fähig ist. Doch sind sie, wenn man nicht zu unverbindlichen Deutungen wie »übersinnlich« greifen will, wohl nur mit der arteigenen Rudel- und Territoriumsbindung des Hundes zu erklären, keinesfalls aber, wie stets bei diesen Film-Hunden, mit Kinder-»Liebe« oder Beschützerwillen.
Ganz gewiß macht eine solche Entzauberung (die sich für alle Filmtiere und viele ihrer Aktionen durchführen ließe) aus einem intelligenten Hund keinen dummen Hund. Sie macht den Hund nur, statt zu einem schwanzwedelnden und bellenden Menschen, zu dem, was allein er ist: ein — an uns gemessen — in engen Grenzen lernfähiges, stark instinktgesteuertes Tier, das auf seine ureigenste, tierische Weise faszinierender ist als seine läppische Vermenschlichung in Film und Fernsehen.
Mit dem gleichen freundlichen Grinsen, mit dem der Delphin *Flipper* einen ihm gut bekannten Zweibeiner mit der Nase anstößt, damit »Freund« Mensch nicht auf einen dösenden Kraken trete, heftet er im Geheimdienst der US-Navy, wie man hört, auch wohl bald Sprengladungen an gegnerische Schiffskörper, damit »Feind« Mensch zur Hölle fahre. Die angebliche Moral dieser Tiere stellt sich hier wie dort als eine Folge des Belohnungsherings aus der Hand des Dresseurs heraus. Nur im Fernsehen sind Delphine Überzeugungstäter. Und natürlich immer auf der richtigen Seite.
Die Schimpansin *Judy* aus der Daktari-Serie stellte sich, im bunten Kattunrock der Negermammies, mit mimisch sichtbarer »Schadenfreude« dumm, als sie einem Mann, den sie nicht leiden mochte und der sich aus Versehen selbst zu einem Löwen in den Käfig gesperrt hatte, auf Kommando die Käfigschlüssel vom Wandbrett holen sollte. Was nur nach Dressur möglich ist, wurde Millionen Leuten als ad hoc-Einsicht des Tieres in eine mechanisch verwickelte, überdies geistig-komische Menschensituation verkauft.
Mir, wie wohl jedem Tierkenner, drehte sich der Magen um, als ich sah, wie hier dümmlicher Scherz getrieben wurde mit dem entwicklungsgeschichtlich bedeutenden Phänomen der Hand-Freisetzung, dem des vor-menschlichen Werkzeuggebrauchs und dem begrenzten Sprachlaut-Verständnis dieser Menschenaffen, kurz: wie ein Mitglied der Primaten-Familie wieder einmal zu einem die Menschen nachäffenden Affen gemacht wurde.
Ich wüßte zwischen einem hochentwickelten Säugetier wie dem Schimpansen und einem chromosomengeschädigten menschlichen Idioten nichts Wesentli-

ches zu benennen, das uns berechtigt, den einen fortwährend zur Karikatur, den anderen aber zum Gegenstand unseres Mitleids zu machen. In beiden Fällen ist der Entwurf zum Menschen nicht vollendet. Sie sind beide tragische Figuren, die unsere demütigste, ernsteste Aufmerksamkeit verdienen.

Die Wahrheit? Die zornige, durch Überanstrengung bei den Aufnahmen leicht zu produzierende Drohmimik der Schimpansin wurde uns als fröhlich-zynische Schadenfreude verkauft. Wie denn überhaupt die Drehbuch-Interpretationen tierischer Verhaltensweisen sich nur selten mit den ethologischen Erkenntnissen dekken. Wenn der Wunderhengst *Fury* im TV-Film lachend sein gelbes Pfeifenrauchergebiß zeigt, dann lacht er mitnichten. Dann ekelt er sich auf Pferdeart. Er *flehmt,* wie etwa während der Harnkontrolle bei seinen Stuten. Es läßt sich leicht vor der Kamera reproduzieren, wenn man dem Tier Zigarettenrauch in die Nüstern bläst.

Alle diese auf Mensch getrimmten Fernsehtiere geben ohne Ausnahme dem Wort Nahrung: »Seit ich die Menschen kenne, liebe ich die Tiere.« Das ist ganz schlimm in einer Zeit, da das Elend ungezählter erschlagener Mitmenschen allenfalls ein paar Mark, das Elend eines erschlagenen Hundes aber (für das nicht wenige Massenpublikationen immer dankbar sind) echte Emotionen freisetzt.

Was dazu aus der Sicht eines Mannes zu sagen ist, dem niemand ein Herz für die Tiere absprechen wird, das kann ich den großen Konrad Lorenz sagen lassen: »Wer aber, von menschlichen Schwächen enttäuscht und verbittert, seine Liebe der Menschheit entzieht und sie an Hund oder Katze wendet, begeht zweifellos eine schwere Sünde, eine soziale Sodomie sozusagen, die ebenso ekelerregend ist wie die geschlechtliche.«

Der beste aller Menschen: Lassie (persönlich).

Stern, pfui!

Es gibt, wenn man den Steuerlisten glauben kann, um die drei Millionen Hunde in der Bundesrepublik. Vier dürfte der Wahrheit näher kommen. Ich mag Hunde sehr, und deshalb gönne ich auch dieser einen steuerhinterziehenden Million Hundehalter den Spaß, daß ihre Hunde für sie tun, wovon sie selber stets nur träumen: den Staat ebenso öffentlich wie ungestraft zu besch . . .
Stern, Pfui!
Wenn es etwas Hundliches gibt, das noch zahlreicher ist als Hunde in Deutschland, dann ist es die verkaufte Auflage aller Hundebücher in Deutschland. Ich werde mich hüten, noch eines dazuzustellen. Dies ist kein Hundebuch, es ist ein Menschenbuch, eines, das dem Leser nicht vordringlich sagt, wie man Waldi, Harro oder Rex kauft, stubenrein macht, füttert, badet, frisiert, bettet, auf Schönheitskonkurrenzen und Club-Abende führt, mit Goldschmuck und Leibchen, mit Plastikstiefeletten und Regenmütze bekleidet, den läufigen Hundeweibern fernhält – kurz: sie zu anständigen Menschen erzieht. Es ist vielmehr eines, das dem Leser sagt:

■ Erstens muß man nicht mehr darüber streiten, ob der Hund in 10 000 Jahren Umgang mit dem Menschen vermenschlichte. Labor-Purismus, der um eine scharfe Abgrenzung zwischen Mensch und Hund bemüht ist, kann allenfalls beweisen, daß ein auf »Leg dich!« abgerichteter Hund bei »Reg dich!« ebenfalls schlafen geht. Es gibt kein Tier, Menschenaffen eingeschlossen, das den Menschen besser versteht als der Hund.

■ Zweitens und andererseits: Man muß auch nicht mehr darüber streiten, daß bei weitem nicht alles Mensch ist, was uns am Hund menschlich vorkommt. Muß man wirklich nicht? Ich meine doch. Es gibt nicht wenige Leute bei uns, Hundehalter, die es denken (und unter sich sagen), daß es 67 Millionen Hunde und Menschen in der Bundesrepublik gibt, von denen 63 Millionen zuviel sind: die Menschen. Anwesende natürlich ausgenommen.

■ Drittens und eben drum sagt dieses Buch seinem Leser: Liebe deinen Nächsten wenigstens ein bißchen so wie deinen Hund. Denn man muß, um Menschliches auf der Welt zu entdecken, nicht unbedingt auf den Hund kommen.

Ein Professor hebt das Bein am Stammbaum auf

Ich wußte es vorher. Aber was sollte ich machen? Ich hatte, als ich in meinen filmischen Bemerkungen über Jagdhunde zu den Ahnen des Haushundes kam, weder die Zeit noch die Lust, den ganzen vorgeschichtlichen Knochenberg zu sichten, aus dem die Haustierforscher herauslesen, daß der Haushund vom Wolf abstammt, allenfalls in einigen wenigen Hundegestalten vom Goldschakal

Der Maulkorb ist bei Hunden und Menschen ein Armutszeugnis für den, der ihn verordnete: Zeichen der Unfähigkeit, überzeugend zu führen.

und dem Heulwolf. Ich entschied mich für die neueren Forschungsergebnisse, das heißt allein für den Wolf als dem Stammvater aller Haushunde.
Die Zuschauerbriefe kamen prompt. Ob ich Neunmalkluger denn nicht wüßte, daß . . . Eine Menge schlauer Leute hatte zu Hause rasch in einer Menge schlauer Bücher nachgeschlagen, die bei mir auch im Schrank stehen: Zeuner, Werth, Antonius, Klatt. Ich hatte mich in der Abstammungsfrage indessen an die Kieler Schule von Professor Wolfgang Herre gehalten, der mir bei meinem Hundefilm freundliche Unterstützung gewährte in Gestalt seines damaligen Mitarbeiters Erik Zimen (der den Pekinesen wie den Schäferhund, ja alle Haushunde überhaupt, für wolfsblütig hält).
In der Literaturbehandlung aber folgte ich Konrad Lorenz und seinem souveränen Mut, verächtlich ein Bein aufzuheben am wissenschaftlichen Stammbaum der Haushunde, der mittlerweile schon ein paar tausend widersprüchliche Buchblätter aufweist. Lorenz hat eines meiner Lieblingsbücher geschrieben: »So kam der Mensch auf den Hund«. Man könnte so gut wie alle anderen Hundebücher verramschen, dieses hier, verehrter Kritiker, eingeschlossen, und es ginge nichts Wesentliches an elementarem Hundewissen verloren. Es ist auch das einzige der neueren Literaturgeschichte bekannte Buch, das an geistiger Souveränität eher gewann, als sein Verfasser wesentliche Gedanken des Inhalts widerrief. Lorenz hatte zuvörderst den Goldschakal in den Ahnenschrein der Haushunde gesetzt. Als er dann im November 1969 die siebente Auflage seines berühmten

»Was bin ich?«

Orientalische Windhunde hetzen das Wüstenwild sichtig, also mit dem Auge, statt mit tiefer Nase, wie gute mitteleuropäische Jagdhunde.

▶

Hundebuches in Druck gab, da lachte er mit genau zehn Zeilen seine eindrucksvollen ethologischen Abstammungsparaphrasen tot: »Durch neue Forschungen«, so schrieb er ganz am Schluß des Buches in einer kleingedruckten Fußnote, »insbesondere durch die sehr genauen Untersuchungen von Alfred Seitz, wird die Annahme unwahrscheinlich, daß der Haushund im wesentlichen von dem Goldschakal abstammt. Eine mögliche Ausnahme bildet nach Seitz der afrikanische Bassenji, der in der Heulstrophe Anklänge an den Goldschakal zeigt. Der Vorfahre des Haushundes ist offenbar in einem anderen, dem Wolfe näherstehenden asiatischen Wildhund zu suchen. Es kommen vor allem der indische Wolf *Canis pallipes* und der *C. lupaster* in Frage.«
Lorenz tat recht daran, sein erlebnispralles Buch nicht umzuschreiben. Es hat ja wenig oder nichts mit alten Knochen, dafür um so mehr mit blutvollen Hunden zu tun, mit Bastarden auch noch, denen es nichts ausmacht, Lupusblut mit Aureusblut zu vermischen, was immer das heute noch, nach 10 000 Jahren Promenadendasein, sein mag. Die säkuläre Leitrüden-Gestalt eines Konrad Lorenz, ohne dessen bohrende Fragen eine ganze Generation junger Ethologen nicht einmal zu ihren Problemen geschweige denn zu ihren brillanten Antworten gekommen wären, Lorenz also konnte – um im kynologischen Bild zu bleiben – ruhig mal den Schwanz einklemmen, ohne sein Gesicht zu verlieren.
Nur fürchte ich, daß er, der überaus Vorwortfreudige, *mir* nun wohl niemals ein Vorwort schreiben wird.

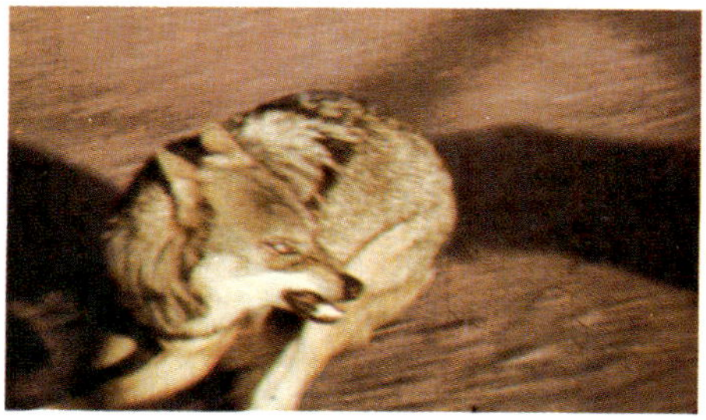

Alle Wolfsartigen, also auch unsere Hunde, verfügen über ein reiches Repertoire an Gesichtsausdrücken, Körperhaltungen und Lautäußerungen, um sich verständigen zu können. Dies ist bei gesellig im Rudel lebenden Tieren besonders wichtig, weil sie sich anders nicht über ihre Rangordnung, vor allem: deren Beachtung verständigen könnten. Mimik und Gebärden reduzieren ernste Beißereien auf ein Minimum. Die Rangniederen geben den Ranghohen auf diese Weise zu verstehen, daß sie soziale Unterschiede respektieren. Doch drücken die Caniden durchaus auch differenziertere soziale Schichtungen aus als nur Über- oder Unterlegenheit. Auf diesen selten zu sehenden Bildern macht der »Underdog« des Wolfsrudels, eine Wölfin, durch eine extreme Defensivhaltung (Bilder unten) zwar ihre Unterlegenheit deutlich, unterwirft sich aber nicht in bedingungsloser Demut, sondern hält die Verfolger durch ein unerhört eindrucksvolles Drohgesicht, das mit einem zähneklappernden Drohbeißen einhergeht, auf Distanz. Es könnte zu einem ernsten Angstbeißen kommen, respektierten die Verfolger diese Drohung nicht. Sie ließen denn die Wölfin, während wir diese Bilder bei Dr. Erik Zimen machten, auch bald wieder in Ruhe.

Das Kind im Hunde

Interessanter als der Streit um den Urahn des Haushundes scheint mir ein Phänomen zu sein, für das die Wissenschaftler so bedeutende Namen wie *Retardation* und *Fötalisation* (Bolk), *Neotenie* (Lorenz) und *para-infantile Entartung* (K. F. König) haben und die ich mir zu übersetzen erlaube in *Das Kind im Hunde*. Man könnte es auch so sagen: Verglichen mit seinem Ahn, dem Wolf, wird der Hund niemals erwachsen.

Während der Herstellung meines Hundefilms hatte ich, wie gesagt, Kontakt mit Erik Zimen, einem jungen schwedischen Ethologen, der damals am Kieler Institut für Haustierkunde mit finnischen Wölfen arbeitete und heute in Waldhäuser, im Nationalpark Bayerischer Wald, sich und seine Wölfe mit den kargen Mitteln eines Forschungsauftrags des Max-Planck-Instituts über die Runden bringt. Er wünscht nichts sehnlicher (und die weißblaue Jägerschaft fürchtet nichts mehr), als daß seine Wölfe eines nicht zu fernen Tages unter den zu vielen, den Wald zerstörenden Rothirschen seinen schmalen Futter-Etat entlasten mögen.

Obwohl Zimen mich, nach erstem sozialem Beriechen, mit der charmanten Super-Alpha-Tier-Arroganz der neuen ethologischen Linken aus seinem Vollbart heraus anknurrte: »Sie haben *auch* zuviel Lorenz gelesen!«, kamen und kommen wir gut miteinander aus. Zimen hat ein probates Mittel, rasch auf den Kern seines Besuchers zu kommen: Er drückt ihm unversehens eine Kette in die Hand, an der drei bis fünf Wölfe hängen.

Als die Tiere an mir hochsprangen, erlebte ich einen der seltenen Augenblicke, in denen der wissenschaftlich unspezialisierte Mensch den praktischen Nutzen extrem abstrakter Wissenschaftlichkeit erfährt, die man liebevoll auch Fach-Idiotie nennt. Während mir die Wolfszungen im Gesicht herumschleckten, fiel mir absurderweise ein Lorenz-Satz ein, der so geht: »Der neotene, kiemenatmende Axolotl stammt ganz sicher von lungenatmenden Landtieren und nicht von aquatilen Urstegocephalen ab, wie man in Unkenntnis des Wesens der Neotenie nach dem Dolloschen Gesetze folgern müßte.« Angesichts der Wolfsgebisse vor meiner prominenten Nase hatte ich, das gebe ich zu, mit den Urstegocephalen Erinnerungsschwierigkeiten.

Natürlich hatte dieser Satz so gut wie nichts mit der Situation zu tun, in der ich mich befand, als er mir einfiel. Er stellte auch nur eine Art von literarischem Leitfossil dar: in meinem Hirn versteinerte Wortungeheuer, deren ich mich bediene, wenn es gilt, einen vielschichtigen wissenschaftlichen Sachverhalt aus dem Gedächtnis (oder dem Bücherregal) hervorzuziehen. Und der neotene Axolotl bewirkte, daß ich mich des neotenen *Axels* entsann, eines hochberühmten Herforder Kurzhaar-Rüden, mit dem ich in jener Zeit Filmaufnahmen machte, und der, nicht anders als die Zimenschen Wölfe, an mir hochzuspringen pflegte, um mir das Gesicht abzuschlecken.

Da Neotenie, im hier gebrauchten Sinn, nichts anderes bedeutet als eine »Entwicklungshemmung, die Jugendmerkmale als persistierende (andauernde) Charaktereigenschaften fixiert«, der neotene *Axel* jedoch längst erwachsen war,

wurde mir klar, daß diese Wölfe, die ich noch immer am Hals hatte und die sich nicht anders verhielten als *Axel*, wohl eher harmlose Jungwölfe sein mußten. Hätte es sich um alte, gefährliche Tiere gehandelt, wären sie mir vermutlich mit den Zähnen an den Hals, statt mit der Zunge ins Gesicht gefahren, denn nur der domestizierte Wolf, der Haushund also, legt das kindliche Spielverhalten dem Menschen gegenüber während seines ganzen Lebens nicht ab.
Ich wischte mir den Schweiß von der Stirn.
Zimen versteckte ein Grinsen in seinem Vollbart, übernahm seine Wölfe wieder und erzählte mir freundlich, es seien, nicht lange vor mir, ein paar Reporter der Hamburger Illustrierten *Stern* dagewesen, und einer von ihnen sei von einem Altwolf in die Hoden gebissen worden. Oder waren es bloß die Hosen gewesen? (Soviel zum Laborbeweis Leg-dich-Reg-dich gegen das behauptete Sprachverständnis der Hunde).
Die Neotenie, das Kind im Hund also, ist die eigentliche Ursache für die vielgerühmte und nicht bezweifelbare Treue des Hundes zu seinem Herrn. Sie ist nichts anderes als die auf den Menschen ausgedehnte *persistierende* Anhänglichkeit der Welpen an ihre Mutter. Sie ist schließlich auch der Grund für die relative Verträglichkeit der anderen Haustiere Pferd, Schwein und Rind, deren Wildformen Hengst, Keiler und Stier, wie Lorenz anmerkt, vom Menschen im Stall nicht zu handhaben wären.
Zur Entstehung der Neotenie oder der *para-infantilen Entartung,* wie er das nennt, hat der Genetiker K. F. König, Rotenburg/Wümmer, eine interessante Deutung versucht. Er experimentierte genetisch mit Füchsen, indem er mit Verwandtschaftsreihen züchtete, ohne dabei strenge Inzucht auf Sportziele, wie die Vollblut- und Rassehundezüchter, zu betreiben. Nach 12 Generationen entarteten seine Füchse prompt zur Haustier-Zahmheit: Sie führten aktiv Befehle aus, etwa indem sie Fleischbrocken apportierten und, wie Hunde, zur Hühnerreinheit erziehbar waren. König berichtet sogar, »daß ein Fuchs auf einem schwankenden Brett, das über zwei Hockern liegt, neben mir hochsitzend ›aufwartet‹, während ich mit Nagelschuhen auf demselben Brett einen ›Plattler‹ stampfe«, was man, wie er hochbefriedigt anmerkt, kaum von vielen Haushunden verlangen könne. Etliche seiner Füchse konnten sogar bellen wie Hunde, was ja auch eine – als Willen zum Sprechen deutbare – Domestikationsfolge ist, und zwar ziemlich die letzte. Hunde, die bellen, beißen nicht mehr.
Aber nicht in dieser Entartung der Wildform zur Haustierschaft sieht König das Entscheidende seiner neuen Lehre. Auf den Beweis der Haustierschaft-*Vererbbarkeit* kam es ihm an. Er argumentiert mit den Ausrufezeichen des Außenseiters gegen die verbreitete gelehrte Ansicht, Domestikation sei allein eine Folge des langen und nahen Umgangs der Wildtiere mit dem Menschen, ganz so, als hätten sie eines Tages das gefährliche Gebiß und den wilden Sinn schon deshalb an der menschlichen Garderobe abgegeben, weil sie als Welpen nicht selten die zarte Brust der Menschenfrauen erhielten, die an Milchdruck litten. Zahmheit also quasi über die Milch der frommen Denkungsart.
König glaubt dagegen fest, daß die Wildhunde, indem sie Abfallhaufen des Menschen *sippenweise* zu umlagern begannen und mit den ackerbauenden

Dieser Kettenhund läßt sich analog zum »Underdog« im Zimenschen Wolfsrudel sehen. Von der Kette in eine Defensiv-Situation gedrängt, fühlt er sich unterlegen. Da seine innere Stimmung diese Rolle als »Underdog«, als Unterhund, aber nicht akzeptiert, er also zur demütigen Unterwerfung nicht bereit ist, hält er sich alles, was sich ihm nähert, mit dem typischen Drohgesicht der Caniden vom Leib. Es ist ein großer Irrtum zu meinen, er sei zum Schutze des Hofes aggressiv. In Wahrheit ist er, der Kette wegen, defensiv, und der Hof ist ihm gleichgültig. Beißt er, so beißt er meistens aus Angst: Nähert man sich furchtlos noch weiter, ziehen solche Hunde oft den Schwanz ein (ohne Gewähr). Hunde an Ketten zu legen, ist Barbarei, weil es sie entpersönlicht und zu Psychopathen macht.

Zweibeinern eine Freß- und Jagdkumpanei eingingen, durch Verwandtschaftszucht infantil entarteten und diesen durch Schlappohren und Anhänglichkeit gekennzeichneten Kindszustand, genannt Zahmheit, auch vererbten.
Wenn der alte Herr nur nicht gleich an den anderen Mammutbäumen seines wissenschaftlichen Reviers, an Mendel etwa und auch an Darwin (dessen Bart-Ungeheuer er trägt) gerüttelt und seine Lehre nicht mit dem Fanfarenstoß »Zu einem neuen biologischen Weltbild« angekündigt hätte. Der große Charles Darwin begann etliche seiner Gedanken, deren Auswirkungen auf menschliches Denken allenfalls denen der Bibel vergleichbar sind, mit den schlichten Worten: »I have reason to assume . . .« – Ich habe Grund, anzunehmen . . .

Zum Mitleid mit diesen ägyptischen Streunern aus der Slughi-Familie besteht kein Grund: Vielen unserer Hunde ginge es besser, wenn es ihnen, vom Futter her gesehen, schlechter ginge.

Hunde, die bellen, beißen trotzdem

Es verblüfft mich immer wieder, mit welcher apodiktischen Glaubenssatz-Ausschließlichkeit die Fachleute zuweilen Dinge behaupten, die schon die Zeitungslektüre durchlöchert. König zum Beispiel sagt: »Para-infantil entartete Wildhunde jeder Art (also nach des Autors eigener Definition alle Haushunde) gefährden keine kleinen Haustiere oder Menschenkinder mehr im Spiel. Man darf sicher annehmen, daß menschlicher Eingriff hier erstmalig erheblich wirksam wurde, kein Haustier durfte einem Kinde gefährlich werden! Die sofortige Tötung aller rabiat gewordenen Halbhaustiere dürfte die erste tatkräftige züchterische Maßnahme des Menschen gewesen sein.«
Die ganze Sache hängt – allenfalls – am hauchdünnen Faden der beiden Wörter »im Spiel«. Wer sie überliest, behält im Kopf: Alle Hunde, besonders die großen, sind lieb zu Kindern. Und das ist ja denn auch unter Hundefreunden die landläufige Meinung.
Meine Münsterländer-Hündin *Julia von Waterkotten,* bürgerlich *Mücke,* war die Sanftheit in Person. Schmusen kam bei ihr vor dem Fressen. Ihre Wohlerzogenheit beruhte mehr auf Feinsinnigkeit denn auf Zwang. Sie war ein voll integriertes Familienmitglied. Dennoch reagierte *Mücke* auf kindliche Spielversuche unseres damals Fünfjährigen wiederholt mit deutlich bösartigem Drohbeißen, und auch einem Besuchskind fuhr sie, als sie sich bedrängt fühlte, ins Gesicht. Eine Beißhemmung war zwar nicht zu bestreiten, dennoch lese ich seither mit Skepsis, was selbst Konrad Lorenz schreibt: »Feinsinnige, empfindsame Hunde sind zu den Kindern ihres geliebten Herrn reizend, da sie genau wissen, wie viel ihm an den Kindern liegt. *Die Besorgnis, der Hund könnte einem Kind etwas tun, ist geradezu lächerlich«.*
Während ich dies schreibe, kommt mir eine dpa-Meldung aus Wunsiedel auf den Tisch: »An Bißwunden, die ihm von einem Schäferhund beigebracht worden waren, ist ein vierjähriger Junge gestorben. Als der Vater die Schreie des Kindes im Hausflur hörte, hatte sich der Hund bereits in den Kopf des am Boden liegenden Kindes verbissen.«

Und während ich dies hier, ein paar Tage später nur, noch einmal überlese, kommt mir eine ähnliche Zeitungsmeldung auf den Tisch. Am 23. April (1971) habe ein Schäferhund im Lörracher »Grütt«, einem bevorzugten Spaziergängergebiet, zwei zwölfjährige Mädchen angefallen, wobei er eines der Kinder nicht weniger als elfmal biß.

Ich neige der Meinung zu, daß der Hund ein Kind nicht primär als Kind und deshalb, wie wir, als besonders schutzwürdig betrachtet, sondern als — oft subdominantes — Rudelmitglied, mit dem er, herausgefordert, seinen Rang ausmacht, beißgehemmt zwar nach den Gesetzen des Rudels, aber für das arglose Kind, wie ich aus Erfahrung weiß, dennoch schockierend und lange Zeit nachwirkend, oft fürs Leben. Die Beißhemmung dem Rudelmitglied gegenüber kann aber, wildhundartig, bei Fremden, auch bei fremden Kindern, zweifellos versagen. Die nachträgliche Deutung, es habe sich möglicherweise um einen degenerierten Angstbeißer oder um einen Erregungszustand gehandelt, der den Wolf wieder hervorbrechen ließ, diese Deutung mag vielleicht wissenschaftlich befriedigen, sie kommt indessen für den zu spät, der dogmatisch formulierten und deshalb weitverbreiteten Leitsätzen, wie den oben zitierten, blind vertraute.

Suum cuique: Riesenschnauzer und Dackelverein.

1

2

In der Hundeabrichtung spielt eine wesentliche Rolle, was ich in meinem Film den »Lieben-Gott-Effekt« genannt habe. Der Mensch bringt dem Hund zunächst durch Handauflegen und sanften Druck, in Verbindung mit dem stets gleichen Kommando »Sitz!« bei, was er bei diesem Wort von ihm will. Dann greift er sich einen Stock, marschiert mit dem Hund weiter, kommandiert »Sitz!« und verpaßt dem Hund hinter dem Rücken und also unsichtbar für das Tier bei Ungehorsam sofort einen Schlag. Der Hund lernt: Wenn du Herrchen nicht aufs Wort gehorchst, bestraft dich eine unheimliche höhere Macht auf der Stelle (Bild 1 und 2).

Bei der »Halt«-Dressur, während der ein Hund lernt, sich bei diesem Kommando flach auf den Bauch zu legen, tritt das Stachelhalsband in Funktion, ein Halsriemen, der innen mit langen, zugespitzten Nägeln gespickt ist (Bild 4). Zögert der Hund beim Kommando »Halt!« und läuft ungehorsam weiter, tritt der Abrichter mit dem Fuß auf die Leine. Der Hund lernt: Einem Oberhund, der mich in den Hals beißen kann, ist sogleich zu gehorchen (Bild 3).

Es gibt Abrichter, die dieses Stachelhalsband verurteilen, gleichwohl wird auch das neue Tierschutzgesetz seine Anwendung erlauben. Der Profi-Abrichter, der viele Hunde binnen kurzem »fertigmachen« muß, für Prüfungen und für die Jagd, kommt ohne dieses dem Hund sofort verständliche Zwangsmittel nicht aus. Und Jäger, die ihre Hunde selber ausbilden, von klein auf und mit Liebe und Geduld, sind in der absoluten Minderzahl. Die Wirkung der Jäger-Lobby spiegelt sich im Gesetz (Bild 5).

Am schärfsten wirkt dies Stachelhalsband bei der »Down«-Dressur, der Jagdhunde unterworfen werden, damit sie auf Pfiff vom Hasenhetzen ablassen, was ganz und gar wider ihre Raubtiernatur ist und deshalb, so sagen die Abrichter, nur mit hartem Zwang gebrochen werden kann: Die Angst vor dem Schmerz besiegt die Natur.

Also wird der Hund während der Dressur niedergepfiffen (Bild 6). Rennt er hetzend weiter, so reißt eine Gehilfenfaust (»Lieber-Gott-Effekt«) den Hund an einer langen Leine zurück, so daß er ins Stachelhalsband rast, was ihm natürlich Schmerzen verursacht. Doch läßt sich die Schmerzwirkung nicht an einem menschlichen Hals nachfühlen. Man hört auch nie von Wunden, die das Stachelhalsband reißt. Die Spitzen der Nägel abzustumpfen, wie das oft von Tierschützern gefordert wird, hätte den gegenteiligen Effekt: Die stumpfen Nägel würden böse Hautquetschungen verursachen. Gleichwohl ist das Stachelhalsband im Zeitalter der Verhaltensforschung inhuman, vor allem in der Hand von Cholerikern.

3

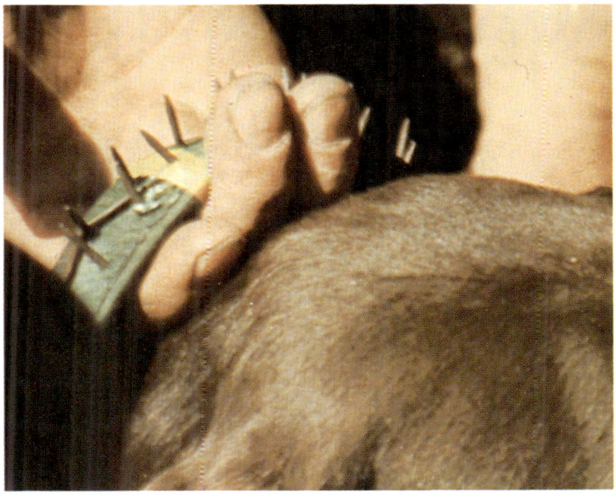
4

5

6

7

8

Der Hund, der den Mond anbellt

Erik Zimen, der im Heulen der Hunde nichts anderes als eine Stimmfühlung sieht (»Hier bin ich, wo bist du?«), Zimen also bestreitet, daß es auch so sein könnte: der schwachsichtige, überwiegend in einer Duftwelt lebende Hund sieht am Himmel eine große gelbe Scheibe, die fremdartig die Nacht beherrscht. Er setzt sich auf die Keulen, streckt dieser mächtigen Scheibe witternd den Fang entgegen – und riecht nichts.
Das verwirrt ihn zutiefst. Zögernd, verlegen eher, gibt er ein paar Beller von sich; man macht sich auch als Hund angesichts einer fliegenden Untertasse nicht gern lächerlich.
Aber dann kommen ebensolche verlegenen Beller vom Nachbarhof. Und unser Hund hätte sich auch wohl wieder in seine Hütte verzogen, wäre nicht Nachbars Harro von diesem Anschlagen angesteckt worden. Ein Wort gibt das andere, und schon jaulen sie zu zweit, zu dritt, zu viert.
Der Bauer schaut zum Fenster hinaus und sagt zur Bäuerin: »Diese dummen Hunde – bellen den Mond an!«
Warum sollte ich nicht glauben, der Hund belle den Mond an, weil er ihn nicht riechen kann, wenn es doch Biologen gibt, die glauben, der Hund ahne seines Herrn Tod voraus, weil er den Tod riechen könne?

Der Hund, der den Tod seines Herrn erahnt

»Hellwittern« nennen es die Verfechter einer hundlichen Übersinnlichkeit, eines »Hinwegwitterns des Hundes über Grenzen von Zeit, Raum, Kausalität und Stoffgesetzen«. Herbert Fritsche gehört zu ihnen. Was meinen Widerspruch herausfordert und gleichzeitig erschwert, das ist die Einkleidung exakter Naturwissenschaft in mystisch wallende Wortgewänder. Da »waltet« georgisch in Hunden »ein dunkler Rest urfernen, hellfühligen Weltbegreifens«. Jedoch ist ein Be-Greifen derart sakral gewandeter Inhalte nur Auserwählten gestattet: »Fasse es, wer kann – und wer es nicht kann, enthalte sich des Urteils darüber!«
Nicht nur Fritsches Kronzeuge für die vermeintliche Fähigkeit des Hundes, den Tod seines Herrn vorauszuahnen, ist des Arztes Axel Munthe berühmtes *Buch von San Michele,* in dem es heißt: »Es ist merkwürdig und sehr rührend, einen Hund zu beobachten, wenn sein Herr krank ist. Von seinem unfehlbaren Instinkt gewarnt, fürchtet der Hund Krankheit, fürchtet den Tod. Auch wenn ein Hund jahrelang gewohnt war, auf dem Bett seines Herrn zu schlafen, wird er es nur ungern tun, sobald sein Herr krank ist. Selbst wenn er es ausnahmsweise (*sic!*) doch tun sollte, wird er seinen Herrn verlassen, wenn der Tod naht und sich jämmerlich winselnd in einer Ecke verstecken.«
Wenn es auch nur annähernd stimmt, daß die Nase der Hunde ein einziges

Gramm Buttersäure selbst dann noch wahrnehmen würde, wenn man dies eine Gramm über dem Luftraum von Hamburg bis in 100 m Höhe verteilen könnte, dann ist nicht einzusehen, warum ein Hund nicht bei den erheblichen chemischen Veränderungen, die im Körper seines sterbenden Herrn vor sich gehen, Zeichen tiefster Beunruhigung von sich geben sollte. Aber solch platter Nasenmaterialismus ist den Magiern der Biologie gewiß zuwider. Ich will mich darauf beschränken, sie schlicht zu fragen: Möchten *Sie* vielleicht mit einer Leiche im Bett liegen?

Während seiner *Beagle*-Reise experimentierte Charles Darwin in Chile mit dem Kondor. In einer Fußnote schreibt er mit der nüchternen Klarheit des wahrhaft großen Naturwissenschaftlers: »Ich habe gemerkt, daß mehrere Stunden, ehe einer der Kondore starb, alle Läuse, von denen er geplagt war, auf die äußeren Federn krochen. Man versicherte mir, daß dies immer der Fall sei.«

Igel, die Gift zu sich nehmen, werden Stunden vor ihrem Tod schon von ihren vielen Flöhen verlassen.

Niemand wird behaupten wollen, die Schmarotzer erahnten den Tod ihres Wirts. Sie dürften von chemischen Veränderungen seiner Körpersäfte abgestoßen werden.

Feinsinnig genug sind sie dazu. Einer Zecke auf dem Ast genügt die allerflüchtigste Körperabstrahlung von einem unter ihr hindurchlaufenden Hund, um ihn als gut schmeckenden Wirt zu erkennen und sich ihm im zielgerechten Sturz als blutsaugende Laus in den Pelz zu setzen.

Der Hund, der Trauer trägt

Neulich erhielt ich den Brief eines Mannes, an dessen Urteil mir, speziell in Sachen Hund, sehr viel gelegen ist. Es ist der Herforder Menschendoktor Wilhelm Siveke, Schrittmacher der Psychologie in der Jagdhundeabrichtung und Besitzer einiger hochprämierter Kurzhaarhunde, darunter des Rüden *Axel,* von dem schon die Rede war. Beide, Doktor und Hund, spielten in meinem Hundefilm eine Hauptrolle.

Dem Doktor gefällt es oft nicht, wenn ich allzu positivistisch in der Hundeseele herumkrame und, getreu dem wissenschaftlichen Lehrsatz vom Primat der geringeren Deutungsmöglichkeit vor der höheren, immer erst nach dem Hund im Hund, statt gleich nach dem Menschen in ihm suche. Er schrieb mir: »Als ich vor einem Jahr meine Hündin Birke beim Werfen verlor und ich sie in der Dunkelheit auf der Schiebkarre in mein Wäldchen fuhr, da wich ihre Schwester, die Sie mit ihren Jungen filmten, ihr nicht von der Seite. Und als ich ihr Grab schaufelte, da fuhr sie nicht wie sonst allabendlich hinter den Kaninchen her, sondern sie setzte sich neben das Geschehen und blieb sitzen, auch als ich sie mit scharfem Kommando zu mir rief. Das heilige Elend hat mich da überfallen. Ich möchte Ihnen diese Hündin mal für eine Woche geben, lieber Herr Stern. Sie kämen mit vielem ins Schleudern.«

Jagdhunde-Ausbilder, die der harten Parforce-Methode anhängen, sehen in der Schulbuben-Manier, mit der ihre vierbeinigen Schüler trotz Stachelhalsband und harten Kommandos nach der Ausbildungsstunde in die Pause stürmen, den besten Beweis dafür, daß ihre Methode den Hunden keineswegs das moralische Rückgrat bricht. Freilich räumen sie ein, daß nur wesensfeste, nervenstarke Hunde so unkompliziert reagieren. Die Ausbilder argumentieren, daß weichliche Hunde in der Jagd nichts verloren haben, weil sie mehr verderben als nützen.
Die Auseinandersetzungen zwischen dem von Dr. Wilhelm Siveke, Herford, geführten Lager der psychologisch vorgehenden Abrichter auf der einen und den Parforce-Anhängern auf der anderen Seite dürften eines Tages, das liegt im Zug der auf Wissenschaft neugierigen Zeit, zugunsten der Frühsterziehung ausgehen. Ein wenig auch wohl deshalb, weil das Parforcelager seinen unumstrit-

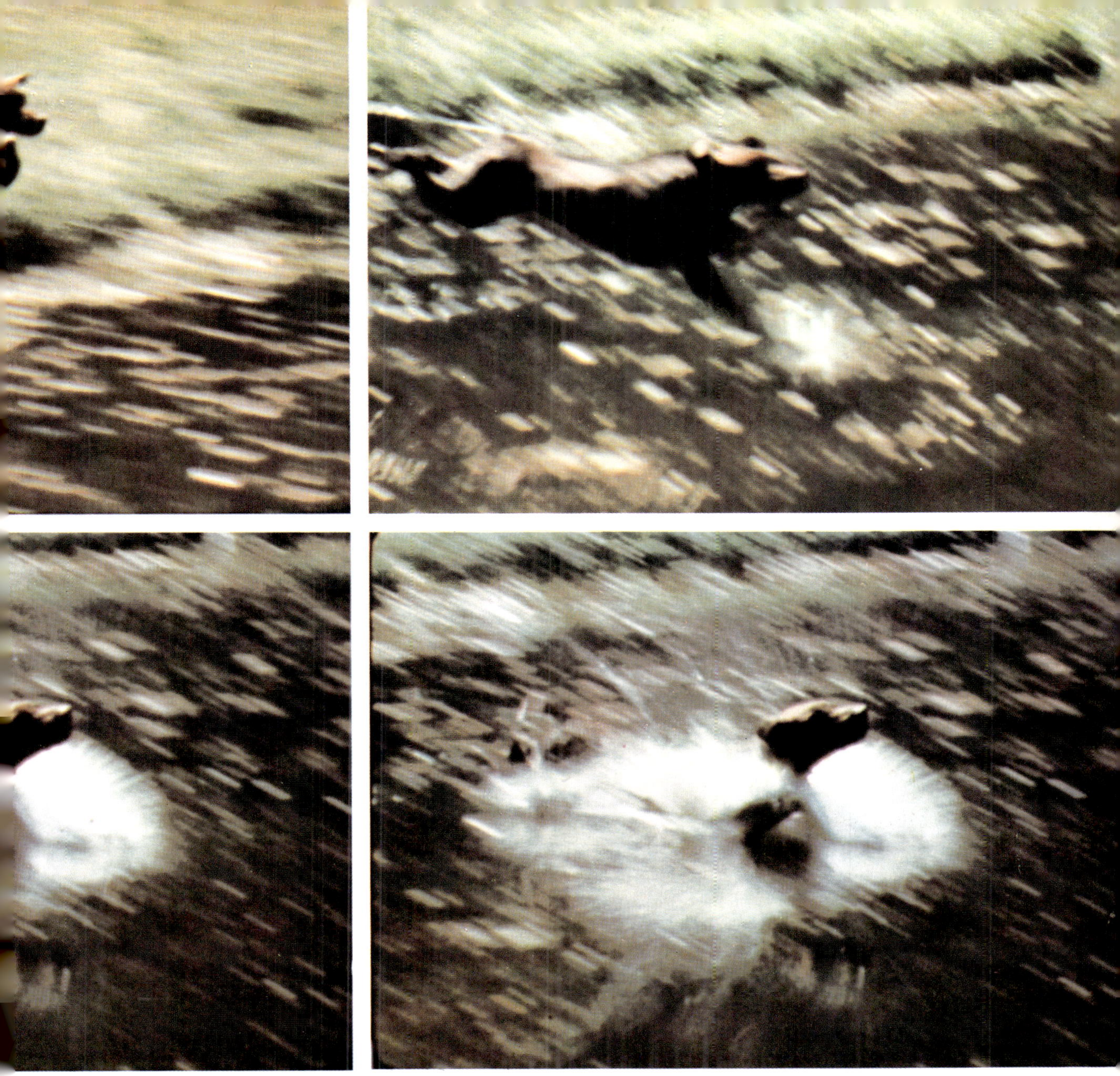

tenen Führer durch einen frühen Tod verloren hat: Horst Kupfer, der in meinem Film neben Dr. Siveke, seinem Antipoden, überzeugend arbeitete. Seine ohne Frage hart regierende Hand entbehrte dennoch des Mitgefühls mit seinen vielen Hunden nicht, die er zur Berühmtheit führte. Ich sah nie einen Hund, der hündisch vor ihm gekrochen wäre, und wenn Kupfer ihnen hinterdreinbrüllte, so meinte ich immer, noch einen Klang von Lachen in seiner Stimme zu hören. Hunde lieben keinen Menschen, der sie quält. Kupfer aber wurde von seinen Hunden oft mehr geliebt als von ihren rechtmäßigen Herren, die sie »fertig« bei ihm abholten. Um sie nicht selten rasch zu verderben.

De mortuis nil nisi bene? Nicht deshalb schreibe ich diesem Hundemann ein paar gute Worte hier auf. Er ist auf Seite 27 zu sehen, wie er einen seiner Hundezöglinge »down« pfeift.

Vielleicht. So richtig es indessen ist, daß ein intimes Leben mit Hunden zu qualifizierten Urteilen befähigt, so richtig ist es aber auch, daß ein allzu naher Umgang mit ihnen, der eindeutig das Prädikat Liebe verdient, auch blind machen kann wie Liebe. Es ist unbestritten, daß es, gerade bei Hunden, harmonisierende Paare gibt: die Zweiermeute Hund-Hund oder Hund-Mensch ist sogar die Regel. Unbestritten ist auch, daß viele Partner-Tiere beim Verlust ihres Kumpans oder – bei zeitlebens monogamen Tieren – ihres Gatten Verhaltensweisen an den Tag legen, die nur schwerlich anders als mit dem Wort »Trauer« zu deuten sind. Konrad Lorenz muß man glauben, daß Gänse, die ihren (lebenslangen) Ehepartner verlieren, um die Augen herum, ganz wie der trauernde Mensch, einen Ausdruck von Gram tragen, den er auch physiologisch zu deuten vermochte.

Auch der Züricher Zoodirektor Heini Hediger berichtet von einem Puma-Weibchen, das seinen Partner verlor und ihn dann in jedem Winkel des Reviers suchte. Es lag nahe, hierin einen Ausdruck der Verzweiflung zu sehen.

Hediger aber, als Zoo-Manager jeder Sentimentalität abhold, war nach genauem Beobachten der Puma-Witwe bereit, Stein und Bein zu schwören, daß die Dame mit wachsender Erfolglosigkeit ihrer Mann-Suche immer – hoffnungsfroher wurde!

Hätte er diese Ansicht sogleich veröffentlicht, ich hätte die Entrüstung der Ethologen, vor allem aber die des Publikums nicht hören mögen! Er veröffentlichte seine Geschichte von der lustigen Puma-Witwe erst, als es sich zeigte, daß das Tier körperlich aufblühte, ein glänzendes Fell bekam und eine nie zuvor gezeigte Lebhaftigkeit an den Tag legte.

Ich weiß, lieber Doktor, dies ist kein Beweis gegen Ihre trauernde *Birke*. Es ist nur ein Beweis für die Leichtigkeit, mit der uns die Liebe die Brille beschlägt.

Hunde, die man scheinheilig herbeilockt, um sie für ihr Weglaufen zu bestrafen, werden handscheu. Sie lernen: Zu Frauchen gehen tut weh!

Der Hund, der treu ist über den Tod hinaus

Man liest es öfter einmal in der Zeitung: Ein Mann verunglückte tödlich. Als man ihn fand, ließ sein Hund, der an der Leiche wachte, niemand heran. In solchen Fällen pflegen Polizeibeamte dem rabiaten Tier eine lange Eisenstange unters Halsband zu manipulieren, mit der sie den Hund dann von den Beinen reißen. Überschrieben sind solche Meldungen in der Presse regelmäßig mit »Treu bis über den Tod«.

Das ist prima facie gewiß nicht falsch, doch steht unausgesprochen stets diese bezweifelbare Deutung dahinter: Der Hund, der gewohnt ist, seinen Herrn zu bewachen, läßt von seiner Pflicht selbst dann nicht ab, wenn er weiß, daß sein Herr tot ist. Man mischt mit dieser Interpretation stets auch die Komponente Trauer ins Hundemotiv und auch die »irgendwie« geartete Einsicht des Tiers in das Phänomen Tod. Es steigen Bilder von einer Totenwache auf. Der Hund wird stark als Gefühlswesen gesehen.

Darf man ihn so sehen? Vor einer Antwort muß man zwei Dinge untersuchen: die Treue des Hundes und die Bedeutung, die der Tod, eines Menschen zumal, für ihn haben kann. Letzteres können wir, glaube ich, ohne langes Nachdenken beiseite lassen: Die Teilhabe der Tiere am Tod beschränkt sich auf das unreflektierte physische Sterben. Der Tod artikuliert sich ihnen höchstens als dumpfe kreatürliche Angst angesichts eines nie zuvor gesehenen Bildes (etwa das reihenweise Hinstürzen elektrisch betäubter Schlachtschweine vor den Augen des Schweins), bei einem nie zuvor gerochenen Geruch (des eigenen ausströmenden Blutes bei einem Unfall, des fremden Blutes im Schlachthaus) oder bei einem nie zuvor gefühlten Gefühl (einer Lähmung, eines großen Schmerzes). Auch das Sterben von Artgenossen vermittelt Tieren keine Einsicht in den Tod; ihre Trauer, bei ausgesprochenen Partnertieren, ist dumpfes Vermissen, nicht luzides Beklagen. Die verwitwete Graugans, die nicht mehr heiratet, weiß nicht, was sie tut. Sie kennt kein Morgen, und ihr Heute ist das frustrierende Suchen nach der partnergerichteten Instinktroutine des verlorenen Gestern. Pietät ist nicht im Spiel. In der Antarktis hörte ich amerikanische Ornithologen von einer Kolonie der Adelie-Pinguine berichten, die auf den meterhohen mumifizierten Kadavern von Artgenossen brüten.
Kurzum: eine Einsicht des Hundes in den Tod seines Herrn, und also die Reaktion »Totenwache«, kann man wohl ausschließen. Tiefe Verwirrung und ein Nichtwissen-Wohin ist indessen anzunehmen.

Nun zur Treue. Sie ist, was immer sie ist, nicht primär Dank für Speis und Trank und freundliche Aufnahme, und auch nicht Kumpanei gegen gemeinsam verabscheute Nachbarn. Sie ist, das hatten wir schon, die auf den Menschen übertragene fortdauernde natürliche Bindung des Welpen an seine Mutter. Der Haushund verliert diese seelische Schlappohr-Infantilität nie; im Gegensatz zu seinen wölfischen Ahnen wird dieser Spielfritz nie recht erwachsen. (Die Pädomorphose, eine evolutive Entwicklungsverzögerung, das Verharren eines erwachsenen Lebewesens im Jugendstadium seiner genetischen Ahnen, zeichnet auch für die relativ große geistige Beweglichkeit der Haushunde verantwortlich: Das Lernstadium dauert in ihnen über die eigentliche Kinderzeit hinaus weiter an; sie geraten viel weniger in die starren Instinktgeleise ihrer Wildtierahnen. Dies unterscheidet, unter anderem, auch den Menschen vom Affen.)
Die Treue des Hundes zu seinem Herrn ist ohne dessen Zutun also zunächst frei von Aggressivität Dritten gegenüber. Und so ist denn aggressive Schärfe auch kein Ausfluß von Treue. Sie ist Folge von selektiver Zuchtwahl auf Schutzhundqualitäten und einer Dressur, die bei scharf veranlagten Hunden schon in einfachsten Handzeichen und Hetzworten begründet liegen kann und einer fachgerechten Abrichtung eher in die abwiegelnde Richtung bedarf: Das macht den von Natur aus scharfen Hund in Laienhand so gefährlich. Und so sind es denn auch immer Wach- und Diensthunde, vornweg Schäferhunde, die in diesen Pressemeldungen figurieren.
Aber was bewachen sie an der Leiche ihres Herrn so bösartig? Die Übung »Herrchen ist tot« mit dem Ziel einer »Totenwache« und Verteidigung der Leiche

kommt im Dressurprogramm natürlich nicht vor. Auch hetzt ein Toter keinen Hund. Spielt man diese Übung mit einem nicht zum Sklaven abgerichteten Hund durch, legt man sich stocksteif ins Gras, so wird man beobachten, daß der Hund zunächst winselt, keineswegs »traurig«, sondern deutlich irritiert und ungeduldig. Nimmt man als lebender Leichnam dann nicht bald Stock und Hut und wandelt, dann bekommt man vom Hund, unter neuem Winseln, sanfte Rippenstöße mit der Schnauze, nicht anders als zu Hause auch, wenn man den Zeitpunkt des üblichen Spaziergangs über Gebühr verzögert. Bringt auch das den »Kadaver« nicht auf die Beine, dann legt sich der Hund daneben, steht wieder auf, legt sich wieder, blödelt auch wohl in der Nähe umher, kehrt zurück, knufft die »Leiche« mit nun schon deutlich schwächerer Energie erneut, kratzt sich um guten Rat verlegen hinterm Ohr und trollt sich schließlich nicht selten wieder von dannen, für längere oder kürzere Zeit. Angeboren ist die rigorose Totenwache also auch nicht.
Ehe ich nun eine Deutung des Augenscheins »Treue bis über den Tod hinaus« versuche, möchte ich noch einmal darauf verweisen, wie sehr der Hund in einer Geruchswelt lebt. Niemals, auch nach dem kleinsten Abstecher weg von seinem Herrn nicht, wird der zurückkehrende Hund es bei ungünstigem Wind versäumen, die Nase rasch gegen das Hosenbein seines Herrn zu richten, um unter mehreren Möglichkeiten sicher zu gehen: Das ist er! Hunden, denen man im Experiment den Riechnerv unterbricht, verlieren schlagartig jede Bindung an ihren Herrn; sie bedürfen, plötzlich erblindeten Menschen darin ähnlich, der mühsamen Umgewöhnung auf andere Sinnesorgane und sind, wie die Erblindeten, zutiefst verstört.
Und nun nimmt ein solches Nasenwesen wahr, wie sich seines Herrn Geruch, der für den Hund Leib und Seele ausmacht, das Wesen aller Dinge, plötzlich verändert, verfremdet. Denn das ist sicher: Der Tod hat ebenso bedeutende wie rasch ablaufende chemische Umwandlungen in einem Körper zur Folge, und selbst die menschliche Nase schon nimmt den andersartigen Körpergeruch eines vertrauten Kranken wahr. Den Hund, der unvorstellbar feiner wittert als wir, muß es wie unter einem elektrischen Schlag überlaufen: Dein Herr hat sich auf eine unerklärliche Weise entfernt!
Zurückblieb für den Hund ein fremder Inhalt in Kleiderhüllen, die den altvertrauten Geruch noch eine Weile bewahren. Und damit kann ein dressiertes Hundehirn endlich wieder etwas anfangen: Das Abliegen an einem unbelebten Gegenstand, der seinem Herrn gehört, weil er – neben anderen, fremden Gerüchen – die Witterung des Herrn an sich trägt, das ist ein klassisches Dressurfach der Diensthunde. Der Hund hat gelernt: Laß niemand an den Rucksack heran! Nur einer darf dich von ihm weglocken: dein Herr!
Und so sitzt Harras denn neben der Leiche seines Herrn, verteidigt sie wütend gegen jedermann und wartet darauf, daß Herrchen endlich wiederkommt.
Ich sage nicht: So ist es. Ich sage nur, so könnte es sein, wenn man nicht gleich zu der vordergründigsten Deutung der »Treue bis über den Tod hinaus« greifen will, einer Deutung, die ebenfalls weder mit Treue noch mit Tod etwas zu tun hat: Rigoros dressierte Diensthunde bleiben unter allen Umständen »bei Fuß« und lassen sich von Fremden niemals anfassen.

Der Hund, der sich schämt

Entwich meiner Münsterländer-Hündin, die der Leser nun schon kennt, übelriechendes Darmgas, wie es das Fleischfressen ab und zu mit sich bringt, und lag sie zu einem solchen Zeitpunkt mir zu Füßen, so wartete sie meine Entrüstung gar nicht erst ab. Sie verduftete sofort und von selber.
Da sie dabei ihre Schuldgefühle ganz offensichtlich zur Schau trug, ersparte sie es mir, mich, wenn Gäste anwesend waren, von einem peinlichen Verdacht befreien zu müssen.
»Sie schämt sich, die Gute!« pflegte der Besuch in solchen Fällen gerührt zu sagen. Man konnte das auch glauben, wenn man sah, wie die Hündin gedrückt und mit weh zurückblickenden Augen davonschlich, während sie die Rute – voll guten Willens offenbar, Schlimmeres zu verhüten – gegen den After preßte. Mich freilich täuschte sie nicht. Meine Deutung ihres vermeintlich schuld*bewußten* Verhaltens war weniger vermenschlichend. Ich wußte, daß *Mücke* von einem früheren Windbruch her einen spontanen Fußtritt in Erinnerung und den Anlaß dazu nun wieder in der Nase hatte. Daß sie so weh zurückblickte, hatte ebenfalls einen ganz einfachen Grund: Sie erwartete den hinter ihr her fliegenden Pantoffel.

Der Hund, der Kot frißt

Das Haferflocken-Müsli des Herrn Bircher-Benner liefert nach Meinung einiger Biologen die Erklärung dafür, daß es unsere Hunde so oft vom Fleischnapf weg zum Kuhfladen hin ziehe, den sie begierig aufschlappten. »Desäquilibriert«, entgleichgewichtet, nennt Bircher-Benner die Nahrung der Fleischfresser, und also, sagte nicht nur Fritsche, packe den Hund »die Sehnsucht nach dem Ur«, worunter er nicht, was naheläge, den Auerochs, sondern die ursprünglich rein pflanzliche Nahrung der Garten-Eden-Bewohner versteht. Sie finde sich für die fleischfressenden Raubtiere noch in den Mägen und Därmen ihrer grasfressenden Beutetiere, und für das Erbgedächtnis des Hundes eben im Kuhfladen.
Die Frage liegt nahe, weshalb dann die Fleischfresser nicht gleich wenigstens einen Teil ihrer Nahrung im Weidegang auf der Wiese deckten. Als Antwort haben die Verfechter dieser auch im Hund noch wirksamen Garten-Eden-Zwänge das biologische Gesetz des Belgiers Dollo zur Hand, demzufolge eine Spezialentwicklung nicht mehr umkehrbar sei: Nachdem die Raubtiere sich nun einmal in die Sackgasse des Fleischfressens hinein entwickelt hätten, sei selbst eine partielle Rückkehr auf die grüne Wiese nicht mehr möglich. Allein der Kuhfladen gestattete es dem Hund noch, »an die Imago der Urnahrung zu rühren«.

Ich möchte um Gottes willen nicht den Eindruck des ewigen Besserwissers oder des schrecklichen Vereinfachers machen. Ich sage nur, was ich aus Beobachtung weiß: Meine Hündin (wie etliche andere Hunde unserer damaligen Nachbarschaft auch) stillte ihre Sehnsucht nach dem Ur, sooft ich nicht aufpaßte, hinter einer Baubude. Dort pflegten erdarbeitende Italiener ihren Kot abzusetzen. Ich machte mir die Mühe, die Signori nach der Zusammensetzung ihrer mitgebrachten Speisen zu fragen. Salami, Brathuhn und denaturiertes Weißbrot, bedeuteten sie mir mit dem Stolz der Gutverdienenden. Salat? Sie lachten: Von Grünzeug hätten sie, hier im Wald, die Nase voll. Ein paar Tomaten wiesen sie vor, und von denen weiß ich zuverlässig, daß es sie im Garten Eden noch nicht gab.
Das widerlegt vielleicht die Sehnsucht nach dem Ur nicht (obschon ich meinen Hund trotz Gelegenheit dazu nie Kuhfladen fressen sah), es zeigt aber die Neigung der Biologie-Prediger, selbst aus dem – möglichen – Vitaminmangel und dem – sicheren – Darmbakterienmangel steril gefütterter Stubenhocker noch Metaphysik zu machen.
Der Hund ist von Urzeiten her auch ein Aasfresser. Stinkendes, wie gärender Darminhalt, ist ihm aus Gründen einer intakten Darmflora zeitweilig lieber als Frisches. Und bei der Zersetzung von Aas wird der Duftstoff Cadaverin frei, der sich auch in menschlichen Fäkalien findet.

Der Hund, der Gras frißt

Sie tun es nicht, wenn es Regen gibt, und wenn, dann hat es, soviel ich weiß, nichts damit zu tun. Sie tun es, weil sie Knochensplitter im Magen haben, die sie, mit dem gefressenen Gras als Fahrstuhlkorb, auswürgen. Ich untersuchte zuweilen solche ausgespienen Grasbündel. Es waren nicht immer Knochenreste darin, aber manchmal. Hartes Gras regt auch wohl die Darmsäfte an.
Das wissen sie wohl: die Ansicht, daß ein Hund Knochen brauche, wird von vielen Tierärzten nicht geteilt. Sie schätzen die Gefahr, die von Knochen im Hund ausgeht, für größer ein als den möglichen Nutzen für die Zähne. Wenn überhaupt Knochen, dann weiche vom Kalb. Röhrenknochen, insbesondere vom Geflügel, niemals.

Es zeugt auch bei Hunden von schlechten Manieren, wenn sie anbeißen, was andere Leute später essen sollen. Also muß ihnen aus diesem Grund (und nicht etwa zur Schonung der vielleicht noch lebenden Ente) andressiert werden, daß sie das apportierte Wild unterwegs zu Herrchen nicht zu knautschen haben. Dazu steckt man eine Übungsente in einen Pyjama, der über und über mit Stacheln gespickt ist. Der Hund lernt: Wenn du die Ente kräftig beißt, beißt sie sofort kräftig zurück.

1

2

3

Drei Dinge braucht der Mann unter Millionen von Schweifwedlern vor allen anderen: die Fähigkeit, dem Wild »vorzustehen«, es »totzuverbellen«, es zu apportieren. Das Vorstehen, das Deuten mit dem Fang in Richtung des stillsitzenden Hasen oder Feldhuhns, bei meist angehobener rechter Vorderpfote, das ist die Versammlung des Wildhundes vor dem letzten Sprung. Blindlings vorzupreschen würde das Wild vorzeitig aufscheuchen. Dieses Vorstehen ist einigen Hunderassen angeboren. Sie warten in dieser Pose, bis der Jäger heran ist, das Wild aus der Deckung heraustreten läßt und schießt (Bild 1).
Flüchtet der Rehbock nach dem Schuß verwundet, so muß ihn der Hund ohne seinen Herrn suchen, wenn das Gelände unwegsam wird. Beim toten, in der Schlinge gewilderten (Bild 1) oder waidgerecht geschossenen Bock (Bild 2), setzt der »Totverbeller« sich auf die Keulen (oder auch nicht) und bellt sich nach seinem Herrn die Seele aus dem Leib. Der Jäger eilt der Hundestimme nach und findet beide, Hund und Bock. Die Hunde lernen das auf einer Rehbock-Attrappe. Man belohnt sie dort bei jedem Beller mit einem Futterhappen. Sie bellen also in Wahrheit im Ernstfall nicht, um dem Jäger das Wild anzuzeigen, sondern um ihn mit seiner Futterschüssel herbeizurufen.

Der Hund, der weiß, daß sein blinder Herr 1,73 mißt

Jeder kennt es, und jeder, der es einmal sah, fragt sich: Woher weiß der Hund, daß sein blinder Herr 1,73 groß ist und deshalb unter dem bei 1,70 m Höhe in die Straße hineinragenden Fensterflügel nicht hindurchgehen kann? Um drei Zentimeter! Ein solches Hindernis kann seiner eigenen räumlichen Vorstellungswelt doch gar nicht entstammen, mißt er selber doch nur 70 Zentimeter.
Die Beispiele ließen sich vermehren: Briefkästen, Laternen, Rinnsteine, Hausecken — alles Dinge, zu denen er ein ganz unhundliches Verhältnis gewinnen muß. Er ist in der Situation eines Radfahrers, der sich ein Auto kauft und mit seinen bisherigen räumlichen Begrenzungen und Platzbedürfnissen, die er instinktiv auf seine Kurventechnik anzuwenden pflegte, plötzlich das viermal breitere Auto fahren soll: Es geht nicht ohne Fahrschule, sprich: Dressur.
Das Thema verlockt zum Schwafeln, zur wortreichen Konstruktion einer besonders gearteten Seelenbrücke zwischen Hund und blindem Menschen, über die hinweg beide harmonisch durchs Leben gehen, »dem Naturverstand unverständlich« notierte ich mir irgendwo als Lesefrucht. Und auch: *In doloribus fecit,* in Schmerzen vollendet, als dem Sinnspruch dieser bedauernswerten Menschen, denen die Augenbesitzer gern so Tröstliches sagen wie »Aus dem Gewahrwerden wird ein Innewerden«.
In doloribus fecit, in Schmerzen vollendet, das ist weit mehr der Sinnspruch, der über einem Führgarten für Blindenhunde stehen könnte. Hier ist all das an Hindernissen in ausgeklügelten Wegführungen aufgebaut, dem ein Blindenhund an der Hand seines Herrn in Zukunft Rechnung zu tragen hat. Fehler werden ihm »durch unangenehme Erlebnisse« bewußt gemacht, wie ich es in einer Fachschrift euphemistisch genannt fand.
Nachdem ich mit Jagdhundeabrichtern arbeitete, kann ich mir denken, worin diese unangenehmen Erlebnisse bestehen: in ferngelenkten elektrischen Stromstößen beim unaufmerksamen Passieren zu nahe an Briefkästen vorbei oder unter nach außen offenen Fensterflügeln hindurch. Man sieht es den fertig dressierten Hunden noch an: die sanfte Hündin macht die größeren Bogen um Hindernisse, der wesensstarke Rüde hält faul gerade eben noch den Mindestabstand ein, denn ihn hat der elektrische Biß nicht allzu sehr beeindruckt.
Die Tiere lernen es in einem Führhundwagen mit künstlichen Menschen, und nur die Fachleute sind ehrlich genug, es deutlich zu sagen (Brüll): »Es ist darum falsch, dem sinnvollen Verhalten des Führhunds irgendeine Einsicht in die Situation des Blinden zuerkennen zu wollen. Vielmehr handelt er aus rein egozentrischen Motiven, die darin gipfeln, unangenehmen Einwirkungen aus dem Wege zu gehen.«
Daß es zwischen dem blinden Menschen und seinem Führhund zu wahrhaft rührenden Gemeinschaften kommt, hängt wiederum nicht mit der Einsicht des Tieres in das Unglück seines Herrn zusammen sondern mit dem fortwährenden innigen Kontakt, in dem beide leben.

Der Hund, der nicht hereinkommen will

Neulich abends hatte ich den Besuch eines Kollegen aus der Zeit, da ich noch Zeitung machte. Ich habe auch sonst ab und zu den Besuch lieber Menschen. Seither kann ich meinen Doktor verstehen, der darüber klagt, daß er sich auf keiner Gesellschaft zeigen könne, ohne daß ihn jemand über Bronchien, Warzen, Nierensteine oder Fußpilz befragt.

»Du, sage mal«, fragte mich der Kollege, »was ist das wohl: unser Hund geht zwar mit Wonne von drinnen nach draußen, macht sich dabei auch die Tür selber auf, aber von draußen nach drinnen, da macht er Schwierigkeiten, steht vor der Gartentür, die er von innen her oft genug aufgeklinkt hat, wedelt mit dem Schwanz, bellt und will hereingebeten werden ... was hat der, Angst?«

Angst hat er sicher nicht. Ein Hund, der wedelt, hat keine Angst. Wenn ich eine Deutung versuche, dann fühle ich mich dabei wie der praktische Landarzt, der für den eigentlich zuständigen Psychiater eine (preiswerte) Diagnose abgeben soll.

Die Hundeahnen lebten im Rudel. Wer dazugehörte, den schützte die Beißhemmung des Cliquengeistes. Für einen Fremdling jedoch war es nicht ratsam, einem anderen Rudel nahezukommen; er war nichts als willkommene Nahrung. Nun kam es vor, daß ein Hund sich vom Rudel entfernt hatte, durch Verletzung oder Müdigkeit, oder ganz einfach, weil er spät nachts mal 'raus mußte. Kehrte er dann zurück, bestand sein Problem darin, erkannt statt zerrissen zu werden. Und weil Hunde, die im Rudel leben, nicht nur einen Individualgeruch, sondern auch, durch das Leib-an-Leib-Hausen, einen Rudelgeruch tragen, wie Korpsstudenten eine gemeinsame Mütze, stellte der Heimkehrer sich in sicherem Abstand in den Wind, wedelte aus seiner starkriechenden Rute die art- und nesteigenen Duftmoleküle in die Luft und wartete, bis sie zum Rudel hinüber getragen worden waren: »Ich bin der Karle, hört auf zu knurren!«

Darum wedeln Hunde noch heute zur Begrüßung, und darum, so nehme ich an, dringt der Hund meines Kollegen nicht unaufgefordert ins eigene Territorium zurück, wenn er mal draußen war. Er will durch ein freundliches Wort aus dem »Rudel« sichergehen, daß sein Nestgeruch ihn als dazugehörig identifiziert hat.

Wenn Sie es besser wissen, schreiben Sie's bitte dem Redaktionschef der Schwäbischen Zeitung in Leutkirch. Das Problem quält ihn ebenso arg wie Willy Brandt's Ostpolitik. Woran man wieder erkennen kann, welche Bedeutung der Hund im Leben unseres Volkes hat.

Der Hund, der von weit her heimfindet

Das muß es geben. Oder besser: Es gibt genügend Versuche, die zu beweisen scheinen, daß Hunde, die man in Dunkelhaltung an einen fremden Ort transportierte und dort freiließ, nach anfänglichem Zögern die richtige Richtung einschlugen und unbeirrt einhielten, bis sie wieder vorm Bett ihres Herrn standen und sagten: »So geht das, mein Lieber, falls du je auf den Gedanken kommen solltest, mich zu verkaufen!«
Man glaubte auch beim Vogelzug lange Zeit an übersinnliche Leistungen, nicht anders erklärbar als mit dem Wort: wunderbar. Bis man dahinterkam, bei einigen wenigstens, daß sie nach Himmelsgestirnen navigieren und eine innere Uhr in sich tragen, die die Wanderung der Sonne kompensiert. Unter vielen anderen machen es die Stare so, die Pinguine und auch die Ameisen und die Bienen, denen sogar das polarisierte Himmelslicht genügt, ein blaues Loch in der Wolkendecke.
Ob es die Hunde auch so machen, weiß derzeit niemand sicher zu sagen. Es ist nicht einmal sicher, daß hier ein Gesetz waltet. Man behauptet von Pferden ja dasselbe. Die hippologische Literatur ist voll von Pferdegeschichten, beglaubigten sogar, in denen diese Tiere über viele Kilometer hinweg aus einer ihnen total fremden Gegend in den heimatlichen Stall zurückfanden.
Grzimek experimentierte während des Krieges auf dem polnischen Gestüt Janow-Podlaski mit Araber-Zuchtstuten, die nur ihren Stall und ihre Koppel kannten. Als er sie mit verbundenen Augen in eine ihnen unbekannte Gegend transportierte und wieder laufen ließ, fanden sie nicht zurück; sie blieben bei den erstbesten menschlichen Siedlungen ratlos stehen. Doch sind diese Versuche wohl nicht über jeden Zweifel erhaben. Etliche Fragen blieben offen, zum Beispiel die: Wollten sie überhaupt zurück in den Stall?

Konrad Lorenz beschlich trotz seiner Überzeugung vom prinzipiell kinderfreundlichen Haushund im Nachhinein die Angst bei der Erinnerung an seine wolfsblütigen Hunde, die mit seinen damals kleinen Kindern spielten.

Füchse, als Überträger der Tollwut, gehen langsam aber sicher in manchen Gegenden ihrer Ausrottung entgegen, und nur selten sterben sie noch im Schrothagel, wie auf diesen Bildern. Vielmehr leitet man Gas in ihre Baue, ein menschenunwürdiges, zudem in Sinn und Ziel umstrittenes Mittel. Die klassische Art aber, den Fuchs zu erlegen, ist noch immer die mit dem Jagdteckel. Man läßt diese tapferen kleinen Hunde in den Fuchsbau einschliefen; und sprengen sie den Fuchs heraus, dann erlegen ihn die Jäger mit der Schrotflinte.

Doch kommt es mitunter, wie während unserer Dreharbeiten, zu dramatischen Zwischenfällen: Der Teckel zerrt den Fuchs mitunter aus dem Bau heraus. Dabei kommt es dann zu blutigen Beißereien, die sich später deutlich am Raubtiergebiß dieser kleinen Krummbeiner ablesen lassen (Bilder rechts außen).
Manchmal auch verliert so ein Teckel sein Leben unter der Erde. Es kommt vor, daß der Fuchsbau von einem Dachs bewohnt wird. Gerät der Hund in eine blinde Röhre, dann schaufelt der Dachs ihn möglicherweise in rasender Eile zu.

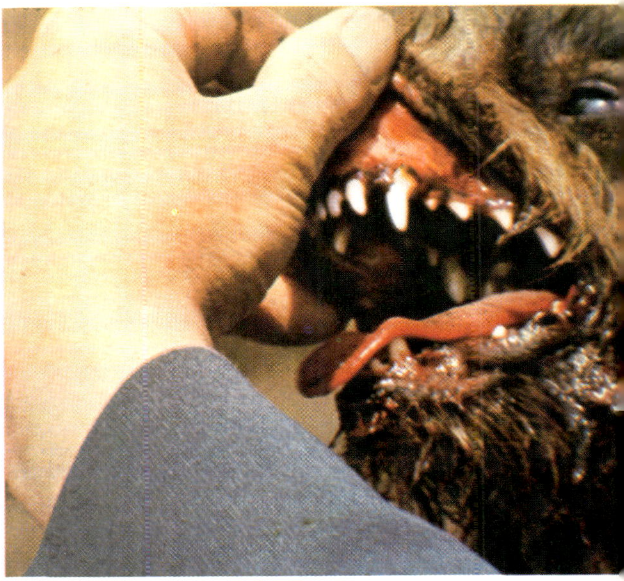

Friedrich der Große, der solche Windhundarten hielt, gilt vielfach als Autor des misanthropischen Wortes: »Seit ich die Menschen kenne, liebe ich die Tiere!« Tatsächlich handelt es sich um eine chinesische Sentenz.

Dem krankgeschossenen Keiler in der Dickung nähert sich kein Jäger, der seine fünf Sinne beieinander hat, ohne seine Hunde. In die Enge getriebene Keiler sind gefährliche Gegner, ihre Eckzähne leibaufschlitzende Waffen. Die Hundemeute stellt das durch einen Fehlschuß kranke Tier, verbeißt sich in ihm und weicht erst auf das Kommando des Jägers, der es entweder mit der Saufeder (Bild) oder mit einem Revolver erledigt. Orthodoxe Jäger halten allein die Saufeder, einen langen Spieß mit einer blattförmigen, scharf geschliffenen Klinge, für eine taugliche Abfangwaffe. Treten die Hunde nämlich beim Auftauchen des Jägers gehorsam vom Keiler zurück, dann kann es passieren, daß der Keiler ihn sofort annimmt. Nur der lange Spieß hält dann das vor Schmerzen und Zorn halb wahnsinnige Tier auf Distanz, sagen die Jäger, die in solchen Situationen dem Revolver nicht trauen.
Die Filmaufnahmen, denen diese Bilder zugrunde liegen, wurden im Saupark Springe bei Hannover gemacht, in dem sich auch ein Jäger-Lehrhof befindet. Sie wurden keineswegs für uns gestellt, wie das vermutet worden ist. Vielmehr begleiteten wir die Jäger, ohne zu wissen, was uns bevorstand, bei ihrer normalen Jagdausübung. Insbesondere die Saufeder wurde keineswegs eigens für das Fernsehen aus dem Schrank geholt. Sie ist in Springe alltägliche Jagdwaffe bei der Nachsuche krankgeschossenen Schwarzwilds.

Der Hund, der Hilfe holt

Apropos Bienen. Die Sammlerin, die ein pollen- und nektarschweres Blütenfeld entdeckt, pudert sich mit dem Pollen ein, nimmt Nektar in den Sozialmagen und fliegt zum Stock zurück. In der Dunkelheit des Bienenhauses gibt sie den Nektar an die Schwestern ab, als Probeschluck sozusagen zur Identifizierung der Blütenart, und tanzt ihnen auch noch Richtung und Entfernung zur neuen Beute vor (wie das im einzelnen geht, steht in meinem Bienen-Buch).
Der Jagdhund, der zum geschossenen Rehbock kommt, weitab von seinem Herrn, schleudert sich mit eleganter Kopfbewegung ein ledernes »Bringsel«, das er am Halsband trägt, zwischen die Zähne und kehrt damit zu seinem Herrn zurück, als Hinweis auf fernab gefundene Beute, zu der er den Meutekumpan führen wird.
Meine Münsterländer-Hündin brachte zum Entzücken meiner Frau nicht selten

eine tote Amsel nach Hause, in deren aasduftendem Sterbebett *Mücke* sich vor Aufnehmen des kleinen Kadavers ausgiebig mit den Schultern gewälzt hatte.

In der Zeitung las ich, ein Hund habe einen Schuh nach Hause geschleppt, den der Spielgefährte des Tiers, ein fünfjähriger Bub, am Ufer eines Sees ausgezogen hatte, aus dem er nicht mehr zurückkehrte.

Zwar stammt dieses »Melden« eines Unfalls nicht mehr unmittelbar aus dem Beuteverhalten des Hundes, doch ist es anders schwer erklärbar. Die Plastizität des Haustiers Hund, seine große Verformbarkeit nach menschlichen Nützlichkeitserwägungen, verbunden mit Erregungszuständen, wie dem Verschwinden des Meute-Kumpans, das alles kann dem Hund den vertraut riechenden Bubenschuh in den Fang zwingen, und er stürmt zur Rudelhöhle zurück: »Seht, was ich fand, macht euch einen Vers drauf!«

Der Vers kann niemals anthropomorph lauten: »Der arme Bub, er kann doch gar nicht schwimmen!« So las ich es in einem Jugendbuch.

Der Hund, der unbestechlich ist

Den besten Rat für Leute, die einen Hund kaufen wollen, fand ich bei Lorenz. Er lautet, kurz gefaßt: Wähle aus einem Wurf Welpen, den man dir zur Auswahl vorführt, nicht den Junghund, der in Poussierlaune sofort zu dir kommt, sondern den, der dich anknurrt, wenn du nach ihm greifst.

Der Grund ist klar: Der Schmuser wird auch als erwachsener Hund aller Voraussicht nach mit jedem gehen, der lieb zu ihm ist. Und sei es ein Einbrecher, der hundeschlau genug war, in sein dunkles Geschäft einen Zipfel Wurst zu investieren.

Es ist überhaupt das Wort »Unbestechlichkeit«, das in kaum einer Lobpreisung des Hundes fehlt, mit Vorsicht zu gebrauchen. Wäre es anders, dann gäbe es den Trick professioneller Hundeabrichter nicht, mit dem sie ihren Zöglingen diese »Unbestechlichkeit« Fremden gegenüber andressieren. Sie raten dem Herrn des Hundes, einen dem Hund unbekannten Menschen zu bitten, das Tier mit einem Leckerbissen zu sich zu locken. Schnappt es dann danach, so sei dem Hund mit Nachdruck eine zwischen den Fingern verborgene Nadel in die Nase zu stoßen.

Im gleichen Augenblick, so geht der Rat weiter, habe Herrchen, der Gute, seinen malträtierten Hund zu sich zu rufen, ihn warmherzig zu liebkosen und nun seinerseits mit einem Leckerbissen zu füttern; ohne Nadel freilich. Der Hund hat dann gelernt: Nur was aus Herrchens Hand kommt, ist Genuß ohne Reue. Von Fremden dagegen kommt nichts Gutes.

Daß auch schärfste Hunde nicht selten von ihrer Pflicht gefahrlos mit einem Lappen fortgelockt werden können, den man zuvor einer gerade läufigen Hündin unter den Schwanz gehalten hat, wird ihnen nur ein Eunuch als Charakterschwäche ankreiden.

Als ich, gleich nach dem letzten Krieg, noch Gerichtsberichte für eine Tageszeitung schrieb, kam mir der Fall eines Ganovenduos unter, Vater und Sohn, das sehr zur Verwunderung der Polizei niemals Ärger mit den Wachhunden der von ihnen heimgesuchten Bauernhöfe gehabt hatte.

Als man erfuhr, daß das Paar selber Hunde hielt, riet ein Hundeführer seinen Kripokollegen, allen beteiligten Vierbeinern einmal unter die Schwänze zu schauen.

Und siehe da: die Hunde der Diebe, vier an der Zahl, waren durchweg weiblichen Geschlechts, die Hunde der Bestohlenen durchweg Rüden (wovon Vater sich vor der Tat stets zu vergewissern pflegte). Vier Hündinnen, zu verschiedenen Zeiten des Jahres und jeweils lange genug läufig, hatten das Duo in die glückliche Lage versetzt, in einer Zeit des absoluten Waffenverbots nur mit einem scharf geladenen Topflappen in der Tasche hinreichend bewaffnet zu sein für Raubzüge in gefüllte Speisekammern.

Und nicht einmal Hundesteuer, so kam bei dieser Gelegenheit heraus, hatten sie bezahlt.

Sachgemäße Zwingerhaltun ist nicht grausam. Die damit ve bundenen Klimareize halte den Hund gesünder a Couch-Exemplare. Erbarmung würdig sind nur die Käfighunc in Tierheimen. Vor Hundesteue terminen ist hier der Andran oft groß (umseitig

15 Hunde zum Aussuchen

Es ist, wie man so sagt, nicht mein Bier, mich zu der Ansicht der Kulturpessimisten zu äußern, das Zweitschlimmste, das dem Menschen nach dem Sündenfall passierte, sei das Auto. Ganz gewiß aber kann dem Lauftier Hund nichts Schlimmeres widerfahren, als zum handtuchbreiten Vorgarten wenig mehr als ein dickes Auto geboten zu bekommen. Da kann es nicht ausbleiben, daß der Hund, wie seine Herrschaft, schließlich fett oder krank oder beides wird. Der Hühnerhund legt noch heute 30 bis 40 Kilometer pro Jagdtag im Galopp zurück. Daß es andererseits Hunde gibt, die leidenschaftlich gern Auto fahren, beweist lediglich, wie weit der Hund schon auf den Menschen gekommen ist.
Aus all diesen Gründen ist es wohl angebracht, den Hund auch im Auto zu betrachten.
Es gibt an die 400 Hunderassen auf der Welt. Ich mußte also eine Auswahl treffen, wobei ich, zugegeben, ziemlich willkürlich verfuhr. Immerhin suchte ich Rassen aus, denen man heute oft auf den Autositzen begegnet (den sicheren rückwärtigen, hoffe ich). Alle sind sie in ihrer heutigen Form mehr oder weniger stark stilisierte Zuchtprodukte aus Menschenhand, dem modischen Styling unterworfen wie die Autos auch. Das mag die eine oder die andere meiner Benzin-Metaphern rechtfertigen, Vergleiche, die man sonst nicht in kynologischen Texten findet. Parallelen bieten sich in der Tat an bis zurück zum Urahn Wolf, der bei uns zulande heute, wie die Ur-Daimlers auch, nur noch im Museum vorkommt: im zoologischen Garten.
Die Reihenfolge der Rassen steht im umgekehrten Verhältnis zur Wahl, wie ich sie treffen würde, müßte ich heute, nach etlichen Erfahrungen, wieder wählen: Meinem Herzen stünde der Letzte am nächsten.
Also gut: der Vorletzte.

Die deutsche Dogge

verlangt seit den Tagen des ersten deutschen Reiches ganz gewiß nach höherstehender Herrschaft, ist sie doch der Bismarck-Hund, von Vater Brehm sogar Reichshund genannt, seit des Eisernen Kanzlers *Tyras* einmal dem drohend parlierenden Gesandten einer unfreundlichen Macht an den goldgestickten Kragen gefahren war. Andererseits kann nicht verschwiegen werden, daß der ferkelkleine, ringelschwänzige Mops auch zur Familie der Doggen gehört, deren Urahnen einst in Tibet ansässig waren.
Die Römer, die alten, machten einen ziemlich üblen Gebrauch von der Dogge, die als Molosser in der Arena bei Tierkämpfen auftreten mußte. Nicht besser trieben es die Spanier des Mittelalters bei der Christianisierung Südamerikas: die letzten heidnischen Indios wurden von diesen Hunden gebissen.

◀ *English Setter*

Und was den heutigen deutschen Studenten die Apo ist, das war den Studiosi der Kaiserzeit die Dogge: ein Bürgerschreck, den man zur Gaudi wohl auch schon mal unter sonntägliche Kirchgänger schickte. So ist am Gefühl der Angst, das eine Dogge leicht verbreitet, eher der Mensch als dieses Tier schuld, dem Johann Peter Scheitlin, Prediger und Tierpsychologe zu St. Gallen, dies ins Stammbuch schrieb: »Der Doggen Art ist Treue bei wenig Verstand. Sie achten ihr eigenes Leben für nichts, merken auf jeden Wink ihres Herrn, nehmen es mit drei, vier Mann auf und berücksichtigten Schüsse, Stiche, zerrissene Glieder nicht. Leitsam sind sie im höchsten Grade. Sie haben ein wenig mehr Verstand, als man annimmt.«
Dies freilich trifft auf den schärfsten Protest der Doggenfreunde, in deren Katalogen es heißt: »Deutscher Züchterfleiß hat uns in der Deutschen Dogge einen Hund geschaffen, der das Vollendetste an Intelligenz, Stolz, Kraft und Eleganz in sich vereinigt. Sie ist der Apoll unter den Hunden.«
Was immer die Dogge nun ist, Apo oder Apoll, sie ist nichts für Coupé-Besitzer. Ein Fünfsitzer, ein echter, in dem man den Hut aufbehalten kann, sollte es schon sein.

Der deutsche Schäferhund

nicht selten zur Repräsentation gehalten, steht im Schatten prestigehaltiger Automobile: zwar machen beide etwas her, zwar kann man sich mit beiden vorteilhaft zeigen, doch mit dem Hund muß man – das ist es – laufen. Ein Schäferhund will eine Herde umkreisen. Daß die Hammelbeine heute meist in Terylen und Nylon stecken, macht ihm nichts mehr aus, sind doch die echten Hütehunde ohnehin nur sehr entfernte, arme Verwandte vom Land. Der Schäferhund von Geblüt ist längst verstädtert und hat einen bürgerlichen Beruf: Er schlägt als schnüffelnder Polizei- oder Zollhund die Beamtenlaufbahn ein, geht zu den Soldaten oder wählt als Blindenführer die Sanitätslaufbahn. Schäferhunde mit guten Nerven gehen zum Film und verlangen ihr tägliches Steak medium. Exemplare, die mehr bellen als beißen, gehen deutschen Politikern bei der Imagebildung an die Hand.
Der einzige gefährliche Schäferhund ist der berufslose, der ungelernte. In ihm bricht nicht selten der Wolf durch, und dann beißt er zügellos in jede daherkommende Wade. Der Typ des »Angstbeißers« ist ebenfalls unter Schäferhunden stark verbreitet – eine Folge hemmungsloser Selektion auf Schärfe und Gehorsam, was auch bei Menschen eine gefährliche Mischung ergibt.
Allenfalls ein Typ ist noch bedenklicher: der deutsche Schäferhund, der keinem Verein angehört.

Der Pudel

hat, wie jedermann weiß, einen Kern, der Mephisto heißt und des Teufels ist. Hier irrte Goethe, und die Kenner der Literaturgeschichte wissen, daß der Dichter die Pudel nicht mochte, hatte doch ein Exemplar dieser Hunderasse ihn aus seinem Amt als Theaterdirektor von Weimar weggebissen. Vergeblich hatte Goethe sich dagegen gesträubt, einen dressierten Pudel in der Hauptrolle eines Theaterstückes, das von der Treue eines Hundes handelte, zu akzeptieren. Er demissionierte mit der Begründung: »Dem Hundestall soll nie die Bühne gleichen / Und kommt der Pudel, muß der Dichter weichen.«
Kollege Jean Paul dachte da ganz anders: So manche Verehrerin seiner seelenvollen Romane, die sich eine Locke vom Haupte des Meisters erbeten hatte, trug ahnungslos ein bißchen Krüllschnitt von der letzten Schur des Pudels *Ponto* auf dem Herzen. Es ist übrigens die Pudelschur, die diesen Hund als aus Frankreich stammend ausweist, sahen doch die gestutzten Buchsbäume der barocken Gärten nicht viel anders aus. Jedoch, die Schur hatte einstmals einen sehr realen Zweck. Im Pudel kreist Jagdhundblut; er apportiert mit Leidenschaft, schwimmt mit Wonne, und um ihm dies zu erleichtern, schor man ihn hintenherum kahl.
Als die Jäger sich der mangelnden Schärfe wegen andere Jagdgenossen suchten, kam dieser Hund auf die Frau, und klug, wie er nun einmal ist, wandelte er sich, wie man das genannt hat, zum Zweidrittelmenschen. Seinetwegen entstand der Beruf des Hundeschneiders, des *Tailleur pour chiens,* der ihn mit Kleidern und Schmuck behängte. Und da diese Sitte nicht gestorben ist, lebt sie noch heute.
Die Jäger wenden sich mit Grausen, und selbst Dackel-Menschen, die dem Humor nicht abgeneigt sind, schütteln die Köpfe, denn wie schon zu Goethes Zeit spielt der Pudel noch heute auf der Bühne menschlicher Schwächen die Hauptrolle. Mein Nebensitzer in der Stuttgarter Fernseh-Villa Berg, der Zeitkritiker Roman Brodmann, drehte einmal einen Hundefaschingsball, auf dem Pudeldamen im Bikini stirnrunzelnde Boxer belästigten.

Der Bernhardiner

mit dem Fäßchen Rum am Hals, der die Opfer der Berge findet, erquickt und heimgeleitet zu den Mönchen – wer kennt ihn nicht? Der berühmteste, ein Rüde namens *Barry,* der zu Beginn des 19. Jahrhunderts auf dem Großen St. Bernhard Straßenwacht hatte und so manchen Liegengebliebenen abschleppte, in schwereren Fällen Klosterhilfe holte, steht heute ausgestopft im Berner Naturhistorischen Museum. »Wer ihn sieht, ziehe den Hut ab!« predigte Johann Peter Scheitlin, von dem schon die Rede war. Und das hat *Barry* auch verdient.

Doch sollte man vielleicht mehr die Nase des Hundes als seine Seele loben, und sei es nur, weil sich über erstere weit Sichereres sagen läßt. Man glaubt es leichter, daß Hunde einen ganzen, von Angstschweiß bedeckten Menschen tief unter Schneemassen mit der Nase orten können, wenn man erfährt, daß ein Rüde sogleich im Bild ist, wenn ihm ein kaum nennenswerter Hündinnen-Urinspritzer von 0,005 g vor die Nase kommt. (Essigsäure, die der Mensch eben noch riechen kann, darf man getrost einhundertmillionenfach verdünnen, bevor auch ein Hund paßt.)

Gewiß, es ist schrecklich, einen Hund, der über 40 Menschen das Leben rettete, sozusagen entmenschlichen zu müssen und Schuld daran zu haben, daß nun vielleicht der eine oder der andere vor dem lieben *Barry* nicht mehr den Hut

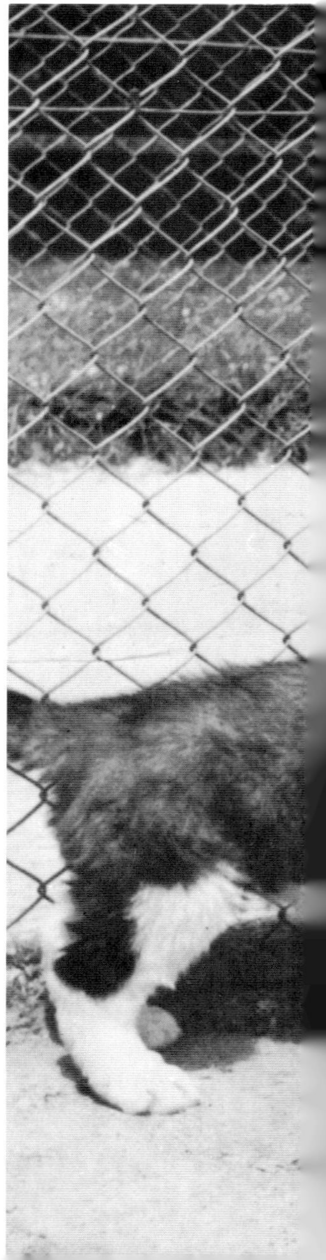

zieht. Aber was hilft's, wenn es um die Wahrheit geht, die jene auch da nicht sprechen, wo sie allein den Willen zum Samariterdienst als Grund dafür nennen, daß die St. Bernhards-Hunde sich bei Schneegestöber von ganz allein auf den Weg machten. Es war, beim Licht der Forschung betrachtet, nichts anderes als der natürliche Drang eines Lauftiers zur Bewegung, und für den guten *Barry* war das Schneegestöber nichts anderes als für Waldi, den Stadtdackel, die Hundeleine: ein Signal, daß es mal wieder losgeht, Gott sei Dank.
Als es auf dem Großen St. Bernhard nichts mehr zu retten gab und die Klosterhunde ohne Bewegung blieben, rasten sie einmal aufsichtslos davon und fielen ein kleines Mädchen an, das Blumen pflückte.
So ist das.

Der Cockerspaniel

ist ein seidenweiches Kraftpaket, das sich nicht entscheiden kann, was ihm lieber ist: auf dem Damenschoß die kraulende Hand im Nacken oder das flüchtende Karnickel in der Ackerfurche. Neurotiker unter ihnen sind deshalb nicht selten, Tragiker sogar kommen vor, insbesondere in Jägerhäusern, wo sie die Liebkosung der Hausfrau zuweilen mit einem Jagdhieb vom Hausherrn büßen müssen – kann dieser doch die Verweichlichung seines Hundes auf den Tod nicht leiden.

Und es gibt keinen Zweifel daran, daß der Cocker, wie schon sein vom englischen *cock* = Hahn herrührender Name sagt, zunächst einmal ein reiner Stöberhund ist, der dem Jäger das Wild »hochmacht«, es aufjagt aus dem Versteck.

Aber auch die Treibjagd ist ihm nicht fremd, wenngleich der Kleine – gegenüber seinen hochläufigen Kollegen – mit deutlichem Handicap startet: Es ist herzzerreißend zu sehen, wie er über so mancher hohen Ackerscholle kein Bein auf die Erde kriegt und selbst der angebleite Hase ihm auskommt. Auch der schneereiche Winter ist seine beste Zeit nicht. Das lange Haar verklunkert alsbald und scheuert den Kleinen wund. Da beginnt dann die Sorge um die gute Figur, die zu halten dem Cocker sehr schwerfällt. Um es deutlich zu sagen: Er wird rasch fett. Für tröstende Schokoladenhäppchen ist er dann dankbar.

Im Auto ist er die Freude des Mannes: Zwar nicht gerade im Vergaser, sonst aber wohl so ziemlich überall finden sich die Haare, die er um so regelmäßiger und zahlreicher läßt, je mehr er ein Stubenhocker ist, dem die kräftigenden Reize des Jahreszeitenwechsels fehlen.

Da die Frauen ihn besonders lieben, ist es nur gerecht, wenn man diesen Teil der Autoreinigung ihnen überläßt.

Der Irish-Setter

ist ein Hühnerhund, der nicht in die Hand einer dummen Gans gehört, ist er doch der sensibelsten einer, von blauem Blut, auch wenn er rote Fahnen schwingt, die ihm beim Laufen von Rute und Läufen wehen. Er ist der Hund der englischen Jäger. Lautlos, die Nase hoch, schnüffelt er sich unter dem Wind an das Rebhuhn heran, das sich in die Furche drückt. Hat er den Braten genau gerochen, schnappt er ihn sich keineswegs – das wäre nicht die feine englische Hundeart. Er erstarrt vielmehr in der Bewegung nach vorn, wie eine Hand, die im Zugriff stoppt und nur noch auf die Beute weist, englisch *to point,* woher der Pointer, ein naher Verwandter des Setters, den Namen hat. Das Vorstehen (oder auch das Hinlegen vor dem Wild) ist diesen Hunden angeboren; der Welpe deutet es schon an, aber erst die Übung macht den Meister.

Cockerspaniel ▶

Für viele Augen ist der mahagonirote, seidig glänzende Setter das Urbild eines schönen Hundes. Für andere ist er das Jammerbild einer substanzlosen Degenerationserscheinung, und es ist nicht zu bestreiten, daß unter den Settern die Ängstlichkeit, die Schreckhaftigkeit verbreitet ist. Die Erklärung liegt auf der Hand: Wo lange Zeit nur auf Schönheit gezüchtet wurde, Nervigkeit und innere Härte aber wenig Raum einnahmen in der Zuchtwahl, da bricht die Scheu, der auf Flucht gerichtete Instinkt des Wildhundes wieder durch. Jagdhunde, von

denen der Jäger sich abwendet, sind immer in Gefahr, die Nerven zu verl eren, zu versagen im lärmerfüllten Alltag. Sie geraten, von der Leine gelassen, unter die Räder.

Und was das Verhalten *im* Auto anlangt: Probefahren wird empfohlen. Viele Setter können nicht zurückhalten, was viele Hunde nur empfinden: daß das Autofahren für einen Hund – pardon – zum Kotzen ist. Ihn, wie alle Hunde, im Auto abzulegen, ist sommers wie winters nur für die Dauer eines *kurzen* Einkaufs angängig.

Der Dalmatiner

ist so selten und dabei so vornehm, daß es Exemplare gibt, die ein Monokel tragen. Das ist einer der talergroßen schwarzen oder braunen Farbflecke, der zufällig auf ein Auge geriet und den Snob-Appeal dieses Hundes vollkommen macht.
Es gibt noch mehr, was beim Dalmatiner wie die Faust aufs Auge paßt – ihn ins Auto zu setzen etwa, wo er doch der Tradition nach hinter die Kutsche oder hinter das Pferd gehört, als Statussymbol zum Mitlaufenlassen.
Man möchte auch meinen, daß ein derart auffälliger Hund sogar das Engagieren eines Butlers oder einer Zofe nötig macht, ist es doch unvorstellbar, daß die Herrschaft selber mit einem solchen Harlekin an der Leine auf der Gasse anrüchigen Geschäften obliegt. Undenkbar auch, diese Hunde streunen zu lassen, ihnen Umgang zu gewähren mit dem gemeinen Hundevolk; die Folgen müßten lachhaft sein. Wenn also schon nicht hinter das Pferd, dann zu den Nippesfiguren aufs Buffet.
Es gibt Hunderassen, die sind schon ausgestorben, während sie noch leben. Die Amerikaner haben ein feines Gespür dafür. Sie demontieren in Europa ganze Schlösser, Stein für Stein, und bauen sie drüben wieder auf. So holten sie sich eine Themse-Brücke, und so holten sie sich auch die Dalmatiner. Die Hunde sitzen nun als traditionsreiche Maskottchen auf den Kutschböcken der Feuerwehrautos. Ein Hundeleben in Herrlichkeit.

Der Afghane

ist nach Gebaren und Aussehen ganz zweifellos die Nummer 1 unter den orientalischen Windhunden, den vierbeinigen. Er hat, wie Kollege Scholl-Latour sagen würde, die Farbe, welche die Wüste zwischen Mittag und Abend annimmt: ein Gelb, dem die Schärfe der Dogge fehlt. Der leiseste Windhauch löst die Konturen dieses Tieres auf und macht seinen Gang schwebend. Die Augen, die ernsten, liegen eingebettet in das Dunkel des arabischen »kuhl«, das auch die Pferde der Wüstensöhne haben und das ihre Frauen sich mit dem Spießglanz des »al-ithmidun«, des Antimonminerals, anzuschminken suchen.
Mit einem, meinem Wort: ein Tier, das man sehr liebt, oder ein Biest, das man schleunigst verkauft.
Es kommt ganz darauf an, was einer erwartet. Gehorsam, Pünktlichkeit bei den Geschäften – also da ist der Afghane ganz orientalischer Gastarbeiter, schlimmer noch: es versagen, wo Geld ja nicht helfen kann, sogar gute Worte. Er liegt dekorativ vor dem Kamin und hat den Prestigewert eines echten, dichtgeknüpften Afghans: Besuch kann nicht umhin, ihn zu bemerken.
Er ist überhaupt die gegebene Möglichkeit, alle Blicke, insbesondere im Auto,

auf sich zu ziehen – der billigste Ferrari auf dem Markt. Und fast auch so schnell. Man kann nicht nur, man sollte ihn täglich ausfahren, und das ist durchaus im automobilistischen Sinn des Wortes zu verstehen: bis an die Grenzen seiner Leistungsfähigkeit. Andernfalls kränkeln Windhunde leicht, und die langhaarigen lassen dann Haare. Mehr als sowieso.

Der Windhund

ist nach Leistung und Form die exquisiteste Schöpfung, die Hundeingenieure je heranzüchteten. Es kam ihnen durchaus auch auf eine hohe Spitze an: 69,4 km/h, auf englischen Rennpisten hinter dem elektrischen Hasen gestoppt, waren auch im Altertum schon nicht zuviel, als es noch galt, im Ursprungsland Ägypten die Gazelle zu Fall zu bringen.
Der Araber, dem jeder andere Hund nur als Schimpfwort dient, wanderte mit seiner edlen Slughi-Hündin weit durch die Wüste, wenn näher kein gleich edler Rüde stand; und die Welpen aus solcher Verbindung erhielten im Harem des Herrn die menschliche Brust. Nimmt es da Wunder, wenn Windhunde die Nase hochtragen, als wüßten sie, daß in den guten alten Zeiten ihr Besitzer durch Gesetz nicht von bürgerlichem Stande sein durfte: Es brauchte einen Herrn, der schnell ritt.
Heute brauchen sie eine Herrin, die schnell fährt, denn Windhunde müssen täglich weit hinaus aus der Stadt, in die flache Landschaft; *Greyhounds* sind Lauftiere *par excellence.*
Wieder zu Hause, ist der Windhund ein Muster an feinem Benehmen. Er kläfft niemals, allenfalls bellt er zurückhaltend den Geldbriefträger an, denn in die Häuser, in denen er lebt, sollte das Geld möglichst nicht kleinkariert mit der Post kommen. Fleisch, Eier, Gemüse, Bader, Club und Arzt kosten nicht wenig, und was wohl anders als Pelzwerk kann eine Dame denn tragen, die mit einem rechten Windhund geht?

Der Collie

der schottische Schäferhund, der echte, ist ein rauhhaariger und auch rauhbeiniger Hirtenhund, der mit den heutigen langhaarigen Playboys gleichen Namens nicht viel mehr als den Markennamen gemein hat – ein Prototyp sozusagen, an dem die Hundeingenieure bewiesen, was *sie* unter Baukastenprinzip verstehen.
Die solide Knochenkarosserie war gegeben, aber ihr Finish war bejammernswert ordinär – nichts für feine Kundschaft. Doch wozu hatte man die Setter auf

◀ *Afghane*

◀ *Greyhound*

Collie

Lager, die Hunde mit dem langen, seidigen Fell? Also paarte man Setter mit Collie, und bald wuchs das Haar nicht nur farbig und länger, es glänzte auch.
Aber da war noch der Kopf – nicht unbedingt das Alleredelste. Wozu auch beim echten Collie? Er hütete ja bloß Schafe, oft genug ohne Hirten, denen das schottische Hochland das Leben schwermachte. Dieser neue Collie aber sollte nach London in die Häuser der Aristokraten, also brauchte er einen aristokratischen Kopf, dessen Merkmal von altersher ein schmales Gesicht mit einer langen Nase ist. Woher nehmen? Natürlich vom Barsoi, diesem Windhund aus dem Zarenreich!
Und so machten sie aus einem Unimog einen Jaguar. Dummerweise hatten sie vergessen, auch mal unters Blech zu schauen, unter dem es bald hysterisch zuging: Die Zucht auf aristokratisches Äußerliches hatte einmal wieder das Blut verdorben. Die Kundschaft maulte. So hatte Herr Spoelmann in Thomas Manns *Königliche Hoheit* seine liebe Not mit seinem tobsüchtigen Collie Percy. Auch Konrad Lorenz zeigte ausgesprochene Verachtung für diese Pelzkragen-Schönlinge.
Heute ist der Collie ein dekoratives Erfolgsmodell der oberen Mittelklasse, ein Hundebeau in Damenbegleitung. Nicht wenige heben in gepflegten Gärten gelangweilt ein Bein auf an deutschen Gartenzwergen und blicken aus hübschen Mandelaugen, so scheint es, sehnsüchtig den frechen Straßenkötern nach, als ahnten sie, wie schön ein Hundeleben sein könnte, wäre man als Collie nicht dazu verurteilt, wenig anderes zu sein als schön.
Und natürlich gibt es bei Sonderwünschen, einer bestimmten Blutlinie etwa, Lieferzeiten, denn die Serie ist, gemessen an Pudeln und Dackeln, klein.

Der Bedlington-Terrier

ist ein Hochleistungswolf im eleganten Schafspelz. Seine Ahnen betrieben das brutale Geschäft aller Terrier: dem Fuchs, Dachs oder Otter in den Bau zu folgen, ihn in seinem Kessel zu stellen, mit Klauen und Zähnen abzuwürgen und herauszuschleppen – falls es das Opfer nicht vorgezogen hatte, zu einem anderen Loch hinaus zu entkommen, wo dann der Jäger stand.
Englische Bergleute hielten den Bedlington-Terrier, hetzten ihn auf Ratten und ließen ihn gegen seinesgleichen rennen. Den Namen haben die Tiere von einem Dorf. Heute ist dieser Hund, wie eine gängige Definition in Fachkreisen lautet, gerade eben noch Hund genug, um zur Hundesteuer veranlagt zu werden, im übrigen aber ein Luxusgeschöpf mit extravagantem Gesicht, einer Art von intelligentem Schafskopf über einer graublauen, wie getönt aussehenden Lockenpracht, die einen Hundefriseur gut vor Not bewahrt, zumal Bedlington-Terrier fast immer paarweise oder gar im Trio auftreten.
Dann aber sollte sich niemand, der ein Hund ist, vom niedlichen Aussehen dieser Gesellen täuschen lassen; es öffnet sich von der Nase bis zu den Hänge-

Schafskopf vom Friseur: Bedlington Terrier

ohren ein Wolfsgebiß, das greulich zupacken kann. Wenige andere Rassen wurden derart eigenwillig vom herkömmlichen Hundebild hinwegstilisiert wie diese Terrier. Sie passen daher vorzüglich in Autos, die ihren Willen zum eigenen Stil ebenfalls im Gesicht tragen.
Auch schlägt ihnen Tempo und Kurvenfahrt nicht auf den Magen. Doch ist diese Autokrankheit der Hunde eher Individuen als Rassen eigen. Man erkennt es zumeist schon an der Art, wie Hunde ein Auto besteigen. Eine straffe Federung, verbunden mit geringer Wagenneigung in Kurven, wird von Hunden den weichen Kutschen mit den langen Federwegen vorgezogen.

Der deutsche Jagdterrier

ist der schärfste Schnaps unter den scharfen Sorten. Wer einen zu sich nimmt, braucht Nerven für zwei, denn dieser Hund hat keine. Er klemmt bei keinem Feuerwerk den Stummelschwanz ein, und ein Donnerwetter, bei dem man einen anderen Hund nicht vor die Tür schickt, macht diesem Mordskerl nichts aus; angriffslustig schnappt er sogar noch nach dem Blitz, und wie dieser fährt er ins Erdreich, wenn der Jäger ihn am Fuchsbau von der Leine läßt. Reineke hat keine Chance. An der Ausfahrt steht der Jäger mit der doppelläufigen Schrotflinte.
Stellt sich Reineke aber dem Hund zum Kampf, ist sein Ende noch schlimmer: Ohne Rücksicht auf eingerissene Ohren und eine blutige Nase würgt der Terrier den Fuchs zu Tode.
Nur im Dachs findet er zuweilen seinen Meister. Gerät der Hund versehentlich in eine leere und blinde Röhre, dann schaufelt der Dachs sie in fliegender Eile zu, und der Terrier muß ersticken, wenn sein Herr, zu spät alarmiert durch die Ruhe im Bau, ihm nicht sogleich mit dem Spaten von oben zu Hilfe kommt.
Jagdterrier haben vor keinem anderen Hund Respekt, und ein Sippenmitglied wie der liebe Fernseh-Foxl des lieben Robert (»Was bin ich?«) Lembke ist ihnen gewiß ein Greuel. Sie haben oft nicht einmal Respekt vor ihrem Herrn. Ich kenne ein Meute-Paar, Jäger und Hund, das alle sechs bis acht Wochen unter sich ausmacht, wer der Ranghöchste ist. Der Terrier zeigt dann seinem Herrn echt bösartig die Zähne und wird zur Strafe dafür so lange am Hals aufgehängt, bis ihm die Zunge blau zum Fang heraushängt.
Es hat der echten Zuneigung zwischen beiden noch niemals Abbruch getan.

Zur Büchse führen Jäger im Kofferraum einen Spaten mit: chaufelt der Dachs den Terrier in einer blinden Röhre zu, muß der Hund eilends ausgegraben werden.

Der Boxer

hat das breite, wuchtige Gesicht moderner Automobile, und man kann den Vergleich noch weitertreiben, wenn man sich den Boxerkopf im Profil betrachtet: nicht viel anders verformt sich bei einem Auffahr-Malheur der Vorderwagen unfallsicherer Autos, indem er sich, Energie verzehrend, knittrig zusammenschiebt. Aber die Auto-Suggestion geht beim Boxer noch weiter. Er hat die den schnellen Autos eigene breitgestellte Hinterachse über einem abrißfreudigen Fastback, das kein aufwendiger Schwanzzierat stört. Und als die Boxer-Kundschaft monierte, es liefe ihrem Liebling, wenn es um die Wurst ginge, leicht das Kühlwasser in Form von Speichelfäden aus, da änderte man flugs auch das. In weni-

gen Boxergenerationen waren die so beliebten, traurig herabgezogenen Lefzen zwar immer noch traurig, aber nunmehr dicht. Die Damenwelt atmete auf.
Als zum zweifarbigen gelb-weißen Modell auch noch ein dunkel gestromtes ins Lieferprogramm aufgenommen wurde, war der Boxer ein gemachter Mann. Immer mehr Herren führten ihr eigenes Image an der Leine spazieren: interessante Häßlichkeit, geheimnisvolle Melancholie, unter weißer Weste eine breite Brust, und der wiegende Gang eines John Wayne.
Nun ja, die abstehenden Ohren. Dem neuen Tierschutzgesetz zufolge sollen sie in Zukunft, weil das Kupieren den Tierschützern mißfällt, zu Schlappohren werden – entsetzlich! Das Gesetz übersieht, daß Schlappohren Domestikationsfolgen, Entartungen sind.

Der Chow-Chow

ist nichts für oberflächliche Frohnaturen. Im Umgang mit ihnen schlitzen sich seine Mongolenaugen noch enger, runzelt sich die Stirn noch mehr, rümpft sich die Nase noch höher als ohnehin schon bei diesem uralten Asiaten mit dem Gesicht und dem Temperament eines Melancholikers. Kein Wunder, hat er doch böse Zeiten gesehen.

Der einstige chinesische Palasthund wurde zum Proletarier der Gosse, und als ihn die Reichen nicht mehr hielten, da fraßen sie ihn. Chow-Chow heißt nichts anderes als lecker-lecker.

So wurde das Tier, was es heute ist: der typische Einmannhund, der, kommt er neu ins Haus, erst einmal prüft, bevor er sich auf ewig bindet. Und meint er, etwas Besseres finden zu können, dann stelzt er mit dem ihm eigenen lautlosen Gang auf ungewinkelten, steilen Hinterkeulen eines Nachts davon und sucht sich einen Herrn, der seinen tiefen Pessimismus, sein Mißtrauen in jegliches Larifari dieser Welt teilt.

Seine Grundstimmung ist das Blue der Neger, und er trägt es sogar auf der Zunge, die blau ist, als habe er soeben Heidelbeeren geschleckt. Einem Mann, der in Harmonie mit einem Chow-Chow lebt kann man vertrauen und ihn mit Gewinn um jeglichen Rat angehen. Er schweigt eher, als daß er aus Gefälligkeit lügt. Einem Chow-Chow-Angriff geht keine dramatische Ankündigung voran; es rumpelt heiser in der breiten Brust hinter der Löwenmähne – das ist alles.

Die Züchter haben recht, wenn sie ihn einen der letzten Individualisten unter den Hunden nennen. Ein Hund, der ein Herr ist. Auf der Suche nach einem Herrn, der kein Hund ist.

Die deutsche Promenadenmischung

das unverstandene Wesen – ist meist das Produkt aus einer gerissenen billigen Kaufhausleine und der nur nachlässig verschlossenen Tür eines herrschaftlichen Hauses: Fee von Papillon, die Spitz-Adlige, ließ in der erogenen Zone eines Laternenpfahls Stammbaum Stammbaum sein und vergaß sich mit Nachbars Fritz, dessen holländische Keeshond-Ahnen schon zu Rembrandts Zeiten das »van« ablegten. Ein sechsfacher Hauch von Spitz mit höchst standeswidrigen Schlappohren war, was sie nach neun Wochen davon hatte. Dabei hätte es schlimmer kommen können, sah man doch schon Boxerpudeldoggenschäferterrierdackeldamen es mit Chowchowbernhardinerdobermännern treiben.

Der Kenner schätzt die Promenadenmischung ihrer geistigen Gesundheit wegen; er weiß, daß an überzüchteten Hunden oft nur der Psychiater seine reine Freude hat. Sie fahren bei jedem Donnerschlag wie der Blitz unters Sofa, sie

beißen vor Angst auch die Hand, die sie nur streicheln will, sie fressen, da sie in ihrer Vornehmheit ahnen, daß sie nicht Hunds genug sind, Kot, und sie kuschen vor jedem Einbrecherblick.
Die Promenadenmischungen hingegen tanzen noch lange nicht nach jeder Hundepfeife. Sie achten das Sprichwort nicht, das da sagt, Hunde, die bellen, beißen nicht. Sie sind durchweg intelligent und aus natürlichem Prinzip der freien Liebe zugetan.
Und lange Haare tragen sie zumeist auch.

Ein dicker Hund zum Schluß

»Nach allem, was ich habe summieren können, ist der ausgeprägte Hundeliebhaber, wenn er nicht Jäger, Schäfer ist oder sonst einen sichtlichen Nutzen von seinem Tier haben kann, ein kleiner Despot, der stets an seine Oberhoheit erinnert werden und zu jeder Stunde des Tages Sklavengehorsam haben will. Wenn er unter Menschen den Kampf um ein Stück Macht nicht hat bestehen können, kauft er einen Hund, mit dem er sich bald selbst identifiziert, sei es aus angeborener Sympathie oder Verwechslung. Und das Recht, seinen Nächsten zu beunruhigen, was das Gesetz ihm verbietet, überträgt er seinem Stellvertreter. Er selbst darf nicht schmutzig, naß und stinkend in einen öffentlichen Speisesaal eintreten, aber seinen Hund läßt er sich unter den Tisch eines unschuldigen Mitmenschen legen. Und wenn nun dieser Hund mit einem andern in Feindschaft gerät, und die beiden zwischen den Stuhlbeinen des Unschuldigen sich balgen, findet der Eigentümer das vollkommen richtig. Will der übervorteilte Gast mit einer Fußbewegung seine Menschenrechte verteidigen, so wird der Tierfreund sich sofort auf die Seite des Schuldigen stellen, sich in die Gloriole der Tierliebe kleiden und den Übervorteilten ausschelten.
Hast du schon einmal Kinder spazierengehen sehen, eine Straße oder einen Landweg entlang, wenn ein Tierfreund mit einem früheren Wolf, so groß wie ein Kalb und mit Zähnen wie dreizöllige Nägel, ankommt? Dann merke dir das gute Lächeln des edlen Tierfreundes, wenn die kleinen Kinder in Todesangst aufschreien und sich an die Häuserreihe oder an die Bäume der Landstraße drükken. Und wenn dann der Mann mit dem großen Herzen hinterher die Kinder wegen ihrer Dummheit ausschilt, die darin bestand, sehr richtig die mögliche Gefahr abgeschätzt zu haben, dann wirst du böse von diesem Mann denken. Ich habe es getan!
Ich habe durch solchen und ähnlichen Anblick größere Furcht vor Hundefreunden als vor Hunden bekommen, und wenn ich einen fanatischen Hundefreund mit einem großen Herzen prahlen höre, so frage ich mich immer, was will der Mann verbergen?
In Städten, wo es Polizei, Straßenreinigung, Feuerwehr und Bürgersteige gibt, da ist der Hund ein Überbleibsel der Barbarei und müßte verboten werden wie

METROPOLITAN POLICE
NO
PARKING

Ein Dackel verbellt einen Igel, der sich unangreifbar zur Kugel aufrollte. Diese Selbstverteidigung der Igel kostet jedes Jahr Tausenden von ihnen das Leben. Sie haben gelernt, daß Fuchs und Hund die stachelstarrende, uneinnehmbare Festung mit großer Geduld zu belagern pflegen. Also bleiben sie auch auf der Straße im vermeintlichen Schutz ihrer Stacheln aufgerollt liegen, wenn das erste Auto »fauchend« über sie hinweggerollt ist – sie trauen aus Erfahrung mit Fuchs und Hund dem plötzlichen Frieden nicht. Das nächste Auto erwischt sie dann.

das Schwein. Wer Gesellschaft haben will, hat Menschen, mit denen er verkehren kann, und wer so niedrig steht, daß er mehr mit Tieren sympathisiert, der sollte in kommunalen Angelegenheiten kein Stimmrecht haben, am allerwenigsten in der Hundefrage.«

Was der schwedische Dramatiker August Strindberg sich hier von der Seele schrieb, wird von nicht wenigen Menschen, stark geistig getönten vor allem, ähnlich haßerfüllt empfunden, wenn auch selten so maßlos ätzend artikuliert. Nur Gerhard Nebel kommt dem großen Schweden darin gleich oder übertrifft ihn gar, wenn er in seinem vulkanisch-eruptiven Kanaren-Buch *Phäakische Inseln* rücksichtslosen Hundehaltern den humanen Marsch bläst:
»Ich bin in diesem Punkt Partei, da ich zu den Armen gehöre, die in unseren überfüllten Städten durch die tierquälerisch auf fast jeder Etage gehaltenen Hunde nicht nur belästigt, sondern geradezu gepeinigt werden – mich flieht, wenn die Tiere in schrillen Kakophonien ihr widernatürliches Dasein beklagen, nicht nur der Schlaf, sondern auch jeder Gedanke. Da der Tierschutz-Verein nicht eingreift, so ist ein Menschenschutz-Gesetz an der Zeit. Ich war einst ein Hunde-Liebhaber, stimme aber heute in kaum einer Hinsicht Goethe so begeistert zu wie in seiner Abneigung gegen die Hunde. Gewiß läßt sich manches für sie anführen, etwa ihre Treue, aber stärker als alles Pro ist das Kontra des Menschen mordenden Gebells. Es geht nicht an, daß ein Jämmerling, der wenigstens einmal in seinem Leben, von seinem Hund nämlich, für Napoleon gehalten werden will, indem er diese niedere Begierde befriedigt, einen ganzen Häuserblock unglücklich macht. Der moderne Mensch läßt sich bestimmen als das Wesen, das der Lärm immer weiter von sich wegträgt. Kaum ein Lärm aber kommt an widrig zerreißender Penetranz dem Gekläff des Hundes gleich, der mithin als einer der fürchterlichen Entmenscher des Menschen bezeichnet werden muß.«
Mich bewahrt meine Zuneigung zu Hunden vor so schriller Sprache, doch muß ich, aus eigener Erfahrung, leider sagen: Viele Menschen, die sich auf ihr Herz für die Tiere, speziell für die Hunde, nicht wenig zugute halten, tragen in der Tat bittersten Haß in die Häuser unserer Städte. Es gibt wenige Menschen, die einen gut erzogenen Hund ablehnen, und daß es so viele Menschen gibt, die Hunde hassen, bis zu einem Grad, wo sie den Tieren insgeheim mit Knüppeln und Giften nach dem Leben trachten, liegt niemals an den Hunden, sondern immer an den Menschen, die in übervölkerten Städten kläffende und wahllos Kot absetzende Hunde halten.
Ich kenne einen Hundebesitzer, der seinen drei großen Vierbeinern einen herrlichen Gemeinschaftsgarten überläßt, den sie in einem Maße verschmutzen, daß die Kinder des Hauses ihre Spielplätze auf Straßen suchen müssen.
Ich kenne einen Hundehalter, der seine Manneskraft in Gestalt einer großen Dogge an der Leine spazierenführt – zehn Minuten pro Tag, in einer Stadtstraße, wo er sicher sein kann, auch gesehen zu werden. Die restliche Zeit des Tages verbringt das Tier, nicht selten jaulend, allein in einem möblierten Zimmer, mit einem engen Putzbalkon als einzigen Austritt an die Luft.

S. 92/93:
Persische Windhunde (Salukis)

So enden nicht selten Hunde, denen man nicht beizeiten abgewöhnte, vorbeifahrende Autos kläffend zu hetzen. Hundeausbilder korrigieren diese Unsitte zuweilen, indem sie dem mitlaufenden Hund vom Beifahrersitz aus einen kräftigen Peitschenhieb überziehen. Ein Auto, das beißen kann, ist Hunden unheimlich – sie halten in Zukunft von den Rädern Abstand. Doch empfiehlt sich eine sehr abgelegene Straße für diese Kur. Hundefreunde könnten die Prozedur, die einem Hund das Leben erhalten kann, zu einer Anzeige wegen vermeintlicher Tierquälerei benutzen.

Ich kenne Hundefreunde, Hundeclubfunktionäre sogar, denen es nichts ausmacht, den Bewegungsstau ihrer meist im Auto und im Haus eingesperrter Tiere in lösendes Gekläff umzusetzen, wenn sie die Hunde zum Urinieren vor die Tür schicken, regelmäßig um Mitternacht, in einer stillen Wohnstraße.
Ich kenne einen Hundefreund, der, in Jägerloden gekleidet, seinen Jagdhund mit herrischen Handzeichen benzinduftende Großstadtstraßen nach imaginärem Wild absuchen läßt. Wird der Hund dann, eines flüchtigen Eichhörnchens wegen, spurlaut und nehmen Anwohner, vor allem nachts, an solchem Gekläff Anstoß, dann fallen die härtesten Worte in solchen Disputen von Seiten des City-Jägers: Er fühlt sich in der Ausübung sachkundiger Tierliebe, die dem Lauftier Hund doch nur angemessene Bewegung verschafft, durch nervenschwache, naturferne Stadtmenschen behindert. In bemerkenswertem Gegensatz dazu steht seine schweifwedelnde Höflichkeit im Umgang mit der uniformierten Autorität Polizei, wie ich aus eigener Zeugenschaft weiß.
»Was kann der arme Hund dafür!« ist die stereotype Erwiderung von Hundehaltern, die ihrer anhaltend kläffenden Hunde wegen zur Rede gestellt werden. Was sie als Antwort hören wollen, ist: »Nichts.« Nur ahnen sie, die von ihren Hunden oft nicht viel mehr wissen, als was sie gekostet haben, in den allermeisten Fällen nicht, daß die tatsächliche Unschuld des Tiers um so deutlicher die Schuld seines Herrn dokumentiert.
Der Haustierforscher Eberhard Trumler, der ein enormes Hundewissen hat, nennt das Hauptübel beim Namen: die Beschäftigungslosigkeit der meisten Stadthunde. Man kauft sie, weil eine bestimmte Rasse »in« ist, weil die Freundin auch einen Hund hat, weil der exklusive Hund das exklusive Auto erst so richtig chic macht oder weil man sich von einem Hund, der spazierengeführt werden muß, etwas für die eigene gute Figur verspricht.
Bald entdeckt man, daß das modische Zubehör Hund Ansprüche stellt, an die Zeit vor allem, und weil Zeit knapp ist, schickt man den Hund mehr und mehr allein vor die Tür. Was er hinfort am meisten zu hören bekommt, ist nicht »Komm her!«, sondern »Geh Platz!« Trumler: »Beschäftigungslosigkeit kann üble Folgen haben: Abstumpfen der Sinne und der psychischen Beweglichkeit, oder Entladung des aufgestauten Beschäftigungsdranges in Fehlleistungen, in Unarten, die bis zur Bösartigkeit gehen.«
Ich kannte einen alleinstehenden Hundefreund, der seinen Pudel, da er ihn bei seinen Geschäften nicht gebrauchen konnte, entweder halbe Tage lang im Zimmer einsperrte oder ihn, wenn das Jaulen des vereinsamten Tiers im Haus Anstoß erregte, einfach der Straße überließ, wo der Pudel dann durch sein bös-

artiges Kläffen ängstlichen Passanten mit Erfolg den Zugang zu einer öffentlichen Straßentreppe verwehrte.
Erheiternd sind die schimpfenden Erziehungsversuche, die solche Hundefreunde dann an ihren mißratenen Tieren vornehmen, lautstark zwar, aber nutzlos und von Anfang an auch nur gedacht als Alibifunktion: »Seht doch, ihr hundefeindlichen Nachbarn, was ich alles versuche, damit das arme Tier euch endlich gefällt!« In Wahrheit stehen sie nicht selten mit den Unarten ihrer Hunde im geheimen, schadenfreudigen Bunde: Nach der öffentlichen Schimpfe gibt es, hinter der wieder verschlossenen Tür, ein Stück Zucker.
Was sie weder wissen noch wissen wollen: Die Zeit für die Erziehung ist auch längst verstrichen. Was man beim Junghund im fünften und sechsten Lebensmonat versäumte, ist am alten, verdorbenen Tier, wenn überhaupt, nur von sehr erfahrenen Ausbildern noch zu korrigieren. Und dann sollte man die Hundeherrschaft gleich mitbehandeln.
»Der halbjährige Junghund erwartet das Leitbild des erfahrenen, psychisch überlegenen Anführers«, sagt Trumler. »Es ist also eine kritische Phase, die sehr leicht zu künftigen Erziehungsschwierigkeiten führt, wenn diese Vorrangstellung als umsichtiger und überlegener Meuteführer vom scharf beobachtenden Hund nicht anerkannt werden kann. Er ist jetzt sehr geneigt, die eigene Ranghöhe zu verbessern. Wenn das Leitbild versagt, wird er zum raffinierten Haustyrannen.«
»Aber lieb«, sagen die Besitzer solcher Tyrannen dann, »aber lieb sind sie doch.« Ich habe es erlebt, daß ein unkorrigierbarer Kläffer den Hunde-Unverstand seines Herrn auf Gerichtsbeschluß hin mit dem Tod büßte. Worauf Herrchen prompt mit dem Kauf eines neuen Hundes reagierte. Es ist schon ein paar Jahre her. Es wird wohl wieder soweit sein . . .

Was denn – nichts über

Dackel?

Nichts über Dackel. Ich kann Dackel nicht leiden: Sie brechen einem das Herz, dann heben sie an den Bruchstücken ein Bein auf. Man weiß bei einem Dackel nie, welche Sorte Tränen man gerade in den Augen hat: solche des Lachens, der Liebe oder der Wut. In einer Dackelseele menschelt es wie in keiner anderen Hundeseele. Sie kriegen sogar Bandscheibenleiden. Und Schwäbinnen rufen ihren Dackel *Männle,* während sie zu ihrem Mann nicht selten *Du Dackel* sagen. Was also hat ein Dackel in einem Hundebuch verloren?

Langhaar-Jagdhu

as Ende von Sterns Bemerkungen
er Hunde

Fotonachweis

Anthony Verlag, Starnberg: 5 Dias
Bavaria Verlag, Gauting: 4 Dias
Jan Beenken, München: 1 Schwarz-Weiß
Bilderdienst Süddeutscher Verlag, München: 9 Schwarz-Weiß
Interfoto Friedrich Rauch, München: 1 Schwarz-Weiß
Dr. Hans Jesse, Köln-Ehrenfeld: 2 Schwarz-Weiß
Keystone GmbH, München: 1 Dia, 7 Schwarz-Weiß
roebild, Frankfurt: 5 Schwarz-Weiß
Tierbilder Okapia, Frankfurt: 1 Schwarz-Weiß
Zentrale Farbbild Agentur, Düsseldorf: 4 Dias
Alle anderen Fotos: Archiv SDR, Stuttgart

7–3–10–2–2